农业水资源优化配置模糊集分析决策模型研究

马建琴　张振伟　著

黄河水利出版社
·郑州·

内 容 提 要

本书全面、系统地阐述了北方农业水资源优化配置模糊集分析决策模型的理论、技术与方法，以及干旱评价指标体系。主要内容包括：绪论、多维多目标模糊优选动态规划方法及其在农业灌溉中的应用、作物种植结构多目标模糊优化模型与方法、渠井灌区配水序贯多指标变权重模糊决策方法、复杂水资源系统的随机多维模糊优选动态方法及其在作物灌溉制度中的应用、多层次多指标模糊模式识别方法及在节水灌溉技术优选中的应用、区域农业水资源可持续利用优化管理模型、水量订单制度下黄河下游灌区水资源实时分配模型及管理软件开发、基于模糊综合评判的华北地区干旱评价指标体系及其应用等。

本书可供水文水资源、农业水土工程、管理科学等专业的研究生、科研人员及大中专院校师生参考，也可为灌区、农田水利等管理部门的领导和技术人员提供决策依据和参考。

图书在版编目(CIP)数据

农业水资源优化配置模糊集分析决策模型研究/马建琴，张振伟著. —郑州：黄河水利出版社，2010.6

ISBN 978-7-80734-832-0

Ⅰ.①农… Ⅱ.①马… ②张… Ⅲ.①农业资源：水资源-资源分配-模糊集理论-研究 Ⅳ.①S279

中国版本图书馆 CIP 数据核字(2010)第 096514 号

组稿编辑：李洪良 电话：0371-66024331 E-mail：hongliang0013@163.com

出 版 社：黄河水利出版社

地址：河南省郑州市顺河路黄委会综合楼 14 层 邮政编码：450003

发行单位：黄河水利出版社

发行部电话：0371-66026940、66020550、66028024、66022620(传真)

E-mail：hhslcbs@126.com

承印单位：河南省瑞光印务股份有限公司

开本：787 mm×1 092 mm 1/16

印张：8

字数：182 千字 印数：1—1 000

版次：2010 年 6 月第 1 版 印次：2010 年 6 月第 1 次印刷

定价：25.00 元

前　言

我国是一个水资源相对贫乏的国家，特别是北方地区，近年来随着社会经济的迅速发展，水资源短缺问题日益严重。农业是用水大户，用水量约占我国总用水量的70%，水资源短缺已成为制约我国农业可持续发展的一个重要瓶颈问题。同时，落后的水资源管理方式又导致农业用水存在严重浪费，灌溉水利用系数仅为0.46，对农业水资源进行可持续利用研究刻不容缓。

干旱灾害是我国最为严重的自然灾害之一，我国每年因旱灾所造成的损失占各种自然灾害的15%以上，每年受灾面积高达2 000多万hm^2，粮食减产100亿kg。近年来我国北方遭遇连年干旱，如自2008年冬季至2009年春季，大部分地区雨雪稀少，干旱面积逐步扩大，严重影响和制约着冬小麦的生长发育及产量形成，对我国农业生产造成很大的影响。干旱对农业可持续发展、粮食安全和社会稳定构成了严重威胁。因此，研究我国北方农业水资源的管理、利用和干旱影响具有特殊的意义，对缓解我国粮食生产、维持水资源的可持续利用具有重大意义。

本书是作者在过去研究与实践的基础上，对研究方向的一次全面总结与体系的提升。本书阐述了水文水资源的不确定性、模糊水文水资源学的发展现状、我国农业水资源的概况和研究背景及研究的必要性等；分析了我国农业水资源现状及其可持续利用；在论述区域农业水资源优化领域研究现状的基础上，鉴于农业水资源系统优化的多目标、多层次、多功能、多阶段、多维与随机的特征，针对系统中普遍存在的模糊性和随机性开展研究，最后对农业干旱风险问题进行了探究。主要研究内容和研究成果概括如下。

(1)基于陈守煜提出的多目标模糊优选动态规划理论，提出复杂水资源系统的多维多目标模糊优选动态规划问题的两种求解办法，即多维多目标决策序列相对优属度总和最大法和多维多目标阶段模糊优选动态规划方法。其中，多维多目标决策序列相对优属度总和最大法适于解决不涉及时间维的"静态"多阶段优化问题，而多维多目标阶段模糊优选动态规划方法不仅适用于"静态"问题，而且适用于"动态"的任一阶段或任一层次的优化问题。针对不同的情况，提出了多目标模糊优选与多维动态规划相结合的求解方法，并给出具体的求解步骤。多维多目标模糊优选动态规划方法拓展了模糊优选理论的应用范围。

(2)针对现行非充分灌溉制度优化设计模型中约束的不合理性，致使作物在敏感性指数小的阶段末土壤含水率易趋于凋萎系数，生产中存在风险的不足，提出了考虑作物种植风险指标情况下的非充分灌溉制度的多目标优化模型，并采用本书提出的多维多目标动态规划方法进行模型求解。

(3)为解决灌区多作物间争水和合理种植面积问题，提出了作物种植结构的多目标模糊优化模型，对灌区有限的水、土资源进行优化配置，克服了以往方法中只注重经济效益，而忽视社会效益和环境效益的不足。

(4)为使渠井结合灌区的地表水、地下水联合调度决策与实际结合更紧密，本书提出了考虑时段指标变权重的多指标模糊关系优选决策方法，模型中各指标的权重随作物所处生长阶段的不同而发生变化，并将模型与算法应用于实例中。

(5)针对复杂大系统多层次、多因素、多指标的特点，提出了适用于系统任一层次的多指标模糊模式识别方法。在优选的过程中采用主客观相结合的方法来确定指标权重，并将该方法应用于节水灌溉系统，对田间节水灌溉技术方案进行了优选。

(6)在多维多目标动态规划工作的基础上，结合水文过程的随机性和时序性的特点，提出了多维多目标随机模糊优选动态规划方法，并根据所研究问题的性质，给出了两种解法，即随机多维决策序列相对优属度总和最大法和随机多维多目标阶段模糊优选法。这两种解法具有普适性，随机的引入使得系统决策更符合实际情况。

(7)由于降雨对作物生长影响较大，而且实际生产过程中面临阶段的降雨是随机过程的情况，本书建立了考虑随机降雨情况下的农作物非充分灌溉制度的多目标优化设计模型，并将多维多目标随机模糊优选方法应用于灌溉制度优化设计中。

(8)采用本书所提到的作物灌溉制度的确定性与随机性模型、种植结构模型、多维与随机多维多目标动态规划方法，运用大系统分解协调理论，结合有关科研项目，在典型灌区系统地进行了应用，构建了区域农业水资源可持续利用的模糊集分析决策综合模型，对区域农业水资源进行了时空优化配置。

(9)基于黄河水资源管理缺乏微观研究及现有理论研究与实际调度系统的差距，针对黄河下游引黄灌区水量订单随意性大、水资源利用率低的问题，紧密结合当前调度管理制度，提出了黄河下游灌区水资源实时分配管理模型，模型包括考虑土壤墒情、雨水资源及天气情况影响的作物需水预测模型和灌区实时水量订单模型；基于模糊聚类理论提出了缺测资料地区不同天气情况对作物需水量影响的确定方法。结合典型灌区进行模型的应用，并开发了相应的水资源管理软件，根据来水情况给出用水建议。

(10)建立干旱综合评价指标体系能为干旱进行综合评价提供良好的决策依据，本书以濮阳渠村引黄灌区为例，建立了干旱评价综合指标体系，并引入层次分析法(AHP)确定各指标的权重，最后用模糊综合评判法对方案进行综合评价。

最后对全书作了总结，并对有待进一步研究的问题作了展望。

本书第1~5章由马建琴撰写，第6~10章由张振伟撰写。全书由马建琴统稿。

本书编写过程中，作者参阅和引用了大量相关文献和研究成果，在此谨向有关作者和专家表示衷心的感谢。本书的出版得到了华北水利水电学院省级重点学科——水文水资源学科、工程管理学科，以及河南省教育厅骨干教师资助项目的支持，在此表示感谢。

在本书的编写过程中，要特别感谢大连理工大学博士生导师陈守煜教授、华北水利水电学院邱林教授所给予的指导与帮助，同时也要感谢魏蕊、郭晶晶等为本书相关研究所做的基础工作。在本书正式出版之际，特向有关领导、专家以及为本书付出劳动的各位同仁表示衷心的感谢！

限于作者水平有限，且部分成果有待进一步深入研究，书中谬误及不当之处在所难免，恳请读者批评指正。

作　者

2010年2月

目　录

第1章 绪 论

1.1 工程模糊集理论及其在水文水资源系统中的研究现状

模糊性由于在水资源系统中存在的广泛性与普遍性,自工程模糊集理论创建以来,在水文水资源系统中得到了广泛的应用,特别是在考虑决策者因素的,兼有自然、社会经济、生态环境的复杂水资源系统优化中得以大量应用,但在区域农业水资源系统优化中的应用却较少。

1.1.1 水资源系统中的不确定性与模糊水文水资源学

水文现象具有两大规律,即确定性规律与不确定性规律。确定性规律是指水文现象之间具有的一定因果关系;不确定性规律则是指水文现象发生的不确定性,这种不确定性在理论上又分为随机性和模糊性。

由于水文现象的影响因素众多、关系复杂,目前人类还无法准确地给出影响某一水文现象的因素或条件,从而导致事物发生的条件不充分,使得在条件之间不能出现必然的因果关系,这就形成了水文现象的随机性。例如,最常见的面临阶段的降雨日期、降雨历时以及降雨量的大小,由于人类无法准确地给出它们发生的充分条件,因此它们的准确值都是无法预见的,都是随机的。水文现象的随机性早已为人们所普遍接受。在研究与解决实际水文问题中广泛应用概率统计的方法来处理水文现象与水文过程的随机性。

水文现象的模糊性作为一种基本的事实,主要是指客观现象的差异在中介过渡时呈现的亦此亦彼性,是由于水文概念本身没有明确的外延,一个对象是否符合这个概念难以确定而形成的不确定性。例如,水文现象中的汛期与非汛期的界定、年径流的丰与枯的界定、干旱与湿润的划分、农业灌溉水量的适宜与否,以及灌溉制度的合理与否等问题,由于给不出明确的界定和概念,从而形成了水文现象的模糊性。

由于水文现象与水文实践中存在着大量的模糊概念,给传统的水文分析计算带来了很多不便和麻烦,使很多水文分析计算中保留了不少经验的成分。为寻求系统的精确解,人们开始用系统分析的方法来解决水文问题。

系统分析方法是从整体的观点出发,对相当多的客观因素及其关系给予定量描述,把不确定因素引导到决策者的注意范围,并尽可能加以清晰的处理,用系统的、逻辑推理的和数学的方法来揭示各种决策可能产生的作用和影响,用选优去劣的原理来分析、比较方案,从而使决策者可以更好地进行直觉判断。系统分析的这些优点是无法否定的,也是行为科学无法替代的。但是,在系统分析中所使用的模型都是从客观现实中经过大量的简化后抽象出来的,因此它只能近似地反映客观世界中已为人们所理解的那一部分内容,很难全面反映水资源系统规划管理中的各种复杂因素，其中包括很多对决策起较大作用的因素，如决策人的知识经验、传统习惯等，这些不易量化的因素无法被纳入模型当中，就极易导致模型的失真。

随着水资源系统理论与实践的发展，系统变得愈来愈复杂，系统分析的一些弊端也随之暴露出来，系统中精确性与复杂性之间的矛盾日益突出。例如，在决策分析过程中，每一方案的经济效益、社会效益和生态影响的评价既要进行定量计算，又要进行定性分析，目标之间的衡量还要凭借经验判断，对这样的复杂问题就无法用模型来进行描述。模糊集理论的创始人 L. A. Zadeh 在实践总结的基础上提出互克性原理：当系统的复杂性日趋增长时，我们做出系统特性的精确而有意义的描述的能力将相应降低，直到达到一个阈值，一旦超过它，精确性和意义将变成两个几乎互相排斥的特性。J. A. Gogen 说得更为明确：描述的不精确性并非坏事，相反，倒是对复杂事物做出高效率的判断和处理，也就是说，不精确性有助于提高效率。

由于现代水资源系统输入的不确定性和难以预测性，目标的多样性既包括大量的定性目标，又包括大量的定量目标，约束条件的多样性以及系统决策受多个模糊因素影响的特性，决定了它的优化决策是一个自然与社会、定量与定性、结构性与非结构性决策相结合的模糊系统多目标决策问题，对这样一个结构复杂、功能综合、影响因素众多的复杂大系统，传统的系统分析方法就显得无能为力了，此时模糊数学的方法就应运而生了。

1965 年，L. A. Zadeh 发表了关于模糊集合的第一篇论文，由此创立了一个新的数学分支——模糊数学。模糊数学的产生把数学的应用范围从精确扩展到了模糊现象领域，一经产生就显示出强大的生命力。其学科发展十分迅速，建立起很多分支理论，如模糊拓扑、模糊逻辑、模糊测度、模糊群、模糊算术、可能性理论、模糊优选理论、双枝模糊集理论等。

陈守煜在多年研究的基础上给模糊性以更为严格的定义，他认为：模糊性是客观事物处于共维条件下的差异在中介过渡时所呈现的亦此亦彼性。其特别强调了客观事物在共维前提下作比较时的差异才呈现出模糊性。

由模糊性的定义出发，陈守煜进一步提出了绝对隶属度和绝对隶属函数、相对隶属度和相对隶属函数的概念与定义，并对它们的应用范畴进行了严格的界定，相对隶属度和相对隶属函数的提出是对 L. A. Zadeh 建立的隶属度、隶属函数的唯一性概念与定义的突破，是模糊数学研究理论与方法上的新发展，对模糊集理论与方法论研究产生了重大的影响。

为完整地分析、描述水文现象与表达水文系统的特征及在水资源分析中重视决策人的知识与经验，将定量计算与定性分析相结合，把基于事物的物理本质、经济规律进行严密的科学计算与根据人的经验、知识和智慧进行直觉判断有机地结合起来。在分析现有水文学及水资源系统模糊系统分析理论的基础上，1987 年陈守煜首次提出了建立模糊水文学与水资源系统模糊系统分析这一新学科的研究任务，经过多年研究，取得了丰硕的成果，形成了模糊水文水资源学的系统理论：模糊优选理论、模糊决策分析理论、模糊识别、非结构性决策单元系统理论、模糊智能决策等理论，对复杂水资源系统优化分配理论有重要的科学意义和使用价值。

由于人的知识经验以及一些定性因素属于非结构性问题的研究范畴,在非结构性决策理论与方法方面,20世纪70年代末,美国运筹学家萨迪提出求解非结构性决策问题的层次分析法(AHP),80年代引入我国,得到了广泛的应用并具有相当大的影响,但其根本缺陷在于层次分析法的基础二元比较互反性思维模式不符合我国决策思维习惯,另外,层次分析法将指标间二元比较的属性,一律归结为重要性的比较也不合理,事实上,指标间属性的比较,有重要性的比较,更有优越性的比较,优越的指标不一定重要,重要的指标也不一定优越。此外,层次分析法中各个层次计算的基本公式都是线性模型,不能反映水资源系统实际决策中各种复杂的非线性问题。为了研究含有人的因素,特别是决策者因素的兼有自然、社会经济、生态环境系统特征的复杂水资源系统优化,陈守煜提出了符合我国决策思维习惯的二元比较互补性准则,开辟了模糊集理论研究的新篇章。

陈守煜创建的模糊水文学与水资源系统分析模糊理论现已被广泛用于水文水资源的许多领域,无论是理论上还是应用中均取得了巨大的成绩,它区别于其他水文学科的基本特征在于它不仅考虑水文现象、水文时间的系统成因和随机特性,而且涉及水文现象、时间在中介过渡阶段划分中的模糊性;不仅吸收了系统分析的成果,而且有效地将这些成果与人的知识、经验、智慧结合起来,并把那些难以定量的因素规范化、模型化,能更好地研究解决现代复杂水资源大系统的管理决策问题,是对传统水文学的一个突破。

1.1.2 工程模糊集理论在水资源系统中的研究现状

由于模糊性在水文现象中存在的普遍性,目前模糊集理论已被广泛用于水文水资源系统的各个方面。为简要起见,仅论述与研究领域相关的主要研究发展状况。

1.1.2.1 工程方案评价与决策

水资源工程系统涉及自然、社会、经济、环境等各个方面,由于研究问题的复杂性和多样性,决定了水资源工程方案优选决策是一个复杂的多目标系统。对于多目标问题,最初的解决思路在于将多目标问题转化为单目标问题,利用比较成熟的单目标求解策略求解。例如,将多个目标中一个认为最重要的目标作为基本目标,而将其他目标转化为约束条件,从而将多目标问题转化为单目标问题。这类方法由于人为地将目标单一化,极易造成最优解的遗失。

另外,水资源工程系统中涉及大量的指标,既有定量指标,又有定性指标,而且目标往往有多个,目标间又往往存在相互竞争性和不可公度性。决策者需要凭借自身经验,进行一系列模糊概念的分析、推理和判断,通过综合评判选择方案。从方法上讲,传统的方案优选方法有语言化评判方法、直接打分法、区间打分法、选项打分法、德尔斐法以及层次分析法等。

以上的方法和手段对解决相对简单的多目标问题是有效的,但当问题复杂程度增加时,就存在一定的局限性。为更好地解决多目标方案优选问题,陈守煜建立了以相对隶属度、相对隶属函数为基础的多目标决策系统模糊优选的理论、模型与方法,并给出了两级与多级模糊优选模型。

随着多目标决策系统模糊优选理论的不断完善和推广,其在水资源系统方案评价与优选中得到了广泛的应用,可以说是涉及了水利系统的各个方面,并在应用中得以更好的发展。例如,胡志根系统地分析了施工布置方案的影响因素,建立了施工布置方案的多目标模糊优选模型;林洪孝等应用多层次多目标工程模糊集理论进行抽水试验井位的优选,克服了过去只作定性对比或分别考虑单因素决策的代表性井位选择问题,取得了较好的效果;张文国等考虑到环境影响评价中定性描述环境因子的影响,将系统模糊优选理论模型用于环境影响评价系统,建立了定性与定量多目标多层次混合系统模糊优选理论模型,并以一个水库工程的8个备选方案的优化决策过程,阐明了模糊优选理论与模型是解决定量与定性多目标混合系统优化问题的有力工具;李登峰和陈守煜考虑到带有时间因素的多目标决策问题,建立了时序多目标决策的模糊优选理论模型;谢新民等提出一种规范加权目标协调法,分析和研究了地表-地下水资源系统多目标管理问题和有限方案多目标决策问题;施熙灿等建立了城市防洪标准多目标多因素评价体系,用模糊综合评价法优选城市的防洪标准;郝聚民等将多目标模糊优选技术引入遗传算法,建立了基于模糊优选技术的混合多目标优化遗传算法模型,结果表明基于模糊优选技术的多目标混合优化遗传算法较传统的解决多目标优化问题的遗传算法更有效;王国利等应用多目标模糊优选理论模型,提出含水层易污染性及其评价的模糊优选方法,结果表明模糊优选方法具有很强的优越性;潘峰等在水环境质量评价中应用陈守煜提出的多目标模糊优选模型,通过与其他评价方法的比较表明,该方法用于环境质量评价具有通用性、合理性和实用性;张鹏等对绿洲水资源-生态环境-经济社会耦合系统互动关系进行分析,对该耦合系统可持续发展模式进行探讨,利用模糊优选模型将多个评价指标转化为单一指标,采用描述复杂水资源系统可持续发展水平的评价方法,并结合且末绿洲水资源开发与利用的实际情况,研究且末区域水资源可持续利用与经济社会协调发展的关系。

对复杂多目标水资源系统进行方案优选,合理确定指标间的重要性或优越性将直接影响决策者对方案的取舍。而目标权重的事先确定是一个相当困难的问题,确定指标权重的方法有很多,如德尔斐(Delphi)方法和层次分析法(AHP)等。陈守煜从“人的经验知识经常是通过两个重要的模糊概念——重要性与优越性的反复思考、比较来体现”的观点出发,提出了基于二元对比的半结构、非结构多目标系统决策模型,不但解决了定性目标难以定量度量的问题,而且能够解决目标权重确定的模糊性和任意性,在方案选择中得到了较为广泛的应用,然后依据目标相对重属度,通过确定目标对模糊概念“重要性”$\underset{\sim}{B}$的相对隶属度来确定目标权重,提出了确定目标权重相对隶属度的理论与方法,并采用该方法,结合多级模糊识别模型,对汉中盆地平坝区水资源可持续发展的程度进行评价。为克服实践中主观确定权重的任意性和人为因素的影响,陈守煜在以相对隶属度、隶属函数为基础的多目标决策系统模糊优选的理论、模型与方法中,提出了主客观相结合的确定目标权重的方法和模糊模式识别交叉迭代模型。首先采用模糊交叉算法,确定指标权向量的“客观”权重值,作为多指标系统优化决策指标权向量的初始值,以减小决策者确定指标权向量时的困难,然后根据该初始值用二元对比法对指标权向量的初始值进行调整,并应用于水库的防洪调度实践中,进行防洪调度多目标模糊优选决策实例。陈守煜等分析了多目标模糊优选决策理论与模型对权变化的敏感性质,给出了权扰动的转移方程,进而得到几个权扰动量估计的不等式,为多目标决策系统目标权重变动对决策的影响提供理论依据,并在权扰动方程的基础上,给出了保持最优决策序列不变的权扰动条件。陈守煜等研究了多目标决策模糊优选(优化)模型的逆命题,提出了符合决策者意图的两种权重计算方法:一是采用海明距离的线性方程组求解方法;二是采用欧氏距离的模糊模式识别交叉迭代模型权重直接计算法。同时,将这两种方法应用于丰满水库防洪调度决策中的模糊优选逆命题的目标权重计算。

以上确定权重的计算方法较为简洁,且物理意义明晰,用于方案优选与评价中能较好地解决权重问题。陈守煜等将以上几种方法分别应用于海洋平台选型、水电装机优选、防洪调度系统、含水层本质脆弱性分析评价、水质评价等,取得了满意的结果。由于权重理论的新颖性,在许多涉及人的决策思维的领域还有待发展,比如理论研究相对滞后的农业水资源系统。

1.1.2.2　水资源系统的规划管理

对水资源系统进行规划和管理一般是采用系统分析的方法。系统分析的方法被用于水资源系统调度管理,总的来讲可以分为以下四种类型:线性规划、非线性规划、动态规划以及模拟技术。随着模糊数学在水文水资源系统中的应用和推广,系统分析的方法也被赋予一些新的内容,下面分别从系统分析的四种类型加以论述。

线性规划是由于目标函数及约束条件受到的必须是线性的限制,而复杂的水资源系统是明显的非线性问题,目标函数往往是非线性的,因此应用的不是很多。谢新民等在研究解决地下水资源系统管理问题时,利用模糊数学规划的理论和方法,分析和研究地下水资源系统的模糊管理问题,建立模糊管理模型,提出一种模糊分步线性规划方法;谢永胜等利用三角模糊数以及自然来水量与负荷的不确定性,用模糊机会约束来描述水库蓄水量约束及线路的安全约束,并通过线性规划求解模型。

由于系统目标的多样性,且目标函数与约束条件往往是非线性的,为寻求解决多目标问题的方法常将模糊集理论与非线性规划结合运用在水资源的规划与管理中。熊德琪等将模糊集理论与非线性规划优化方法有机地结合起来,提出水环境污染系统规划的模糊非线性规划模型,并将其应用于沈阳市南部污水排放系统的最优化处理规划中;周惠成等建立了一般形式的流域汇流模糊系数非线性微分动态模型(FNLDDM)来描述雨洪的非线性关系,提出了线性模型计重要度误差最小二乘法,并与非线性规划相结合来优选模型参数;龙子泉等通过对典型圩垸的研究,建立了圩垸内排水系统优化规划的非线性模型,并提出了该数学模型的网格搜索与线性规划相结合的求解方法以及二级模糊多目标决策技术。

对许多问题的求解,采用动态规划的方法去处理,常比线性规划或非线性规划更有成效,特别是对于离散性的问题。由于它不需要有一个标准的数学表达式和明确定义的一组规则,因此一些解析数学无法解决的问题,采用动态规划使得多阶段优化与决策问题得以有效解决,但大都只用于解决单目标系统的最优控制,将其有效地应用于多目标(指标)、多阶段系统的优化问题已逐渐受到重视。

多目标动态规划是多目标决策的一个重要分支,在水资源规划管理领域中得到了广泛的应用。Chankong 等将 SWT 法和单目标动态规划方法相结合用于求解多目标动态规划;Tauxe 提出将非基本目标处理为状态变量的多目标动态规划;冯尚友在 Tauxe 研究的基础上,将其扩展为多维决策变量的多目标动态规划。由于采用经典的动态规划以及在动态规划的递推过程中应用经典的多目标规划方法，所以求出多目标优化决策问题的最优均衡解有一定的难度。贺北方等将径流过程的随机描述与模糊动态规划相结合，建立了水库优化调度的随机系统模糊动态规划模型(SFDPM)；聂相田等考虑了计算时段间径流过程的变化，在模糊模式识别模型的基础上，提出了一种适用于水库水沙调节优化调度的随机动态规划模型；胡铁松等以多目标决策的权重法为基础，提出了一种基于知识的交互式多目标动态规划决策方法，权重的修正是通过知识库中的产生式规则经模糊推理实现；邵东国等针对河北省洋河水库特点，建立了有模糊约束条件的防洪优化调度模型，提出了含变动罚函数的离散微分动态规划法；殷春霞等利用权重系数法来求解多目标动态规划，并引入人工神经网络与专家系统决定权重系数；陈守煜考虑梯级水电站最大、最小工作深度为弹性约束，提出梯级水电站工作深度优选的模糊非线性规划模型，并选用动态规划原理和方法。

由于水资源系统的决策目标常涉及大量的定性目标，如何对这些定性目标进行量度，直接关乎这类复杂水资源系统的优化及调度问题的解决，为此陈守煜提出了多目标模糊优选动态规划理论，既解决了复杂水资源系统的大量定性目标与定量目标的统一标度问题，又比较成功地解决了多目标优化问题。邱林等将随机模糊动态规划(MOFOSDP)与动态规划的POA方法相结合，提出了水库实时优化调度模型和多目标水库实时优化调度模型，实现了多目标水库的实时优化调度目的。熊德琪等在模糊集理论中的权距离和隶属度概念的基础上，根据多阶段系统前后阶段联系特点，将模糊优选理论与动态规划原理有机地结合起来，提出能够有效地寻求多阶段多目标优化问题的最优均衡策略的模糊优选动态规划技术。但以上研究均对于多维与随机多维多目标多阶段问题尚未研究，实际上在资源配置过程中，不只涉及多目标多阶段问题，还常常涉及多维多目标的多阶段问题，多维问题的解决将会进一步拓展模糊集理论的研究范围。

模糊集理论还被引入到了模拟技术当中，程春田等从长江洪水系统的特点出发，建立了长江上中游防洪系统模糊优化调度模型，并以几个典型洪水年对模型及软件系统进行了模拟运行；周惠成等采用水库调洪数值解法、多目标模糊优选决策模型、人机交互决策方法、面向对象技术和数据库技术，设计并开发了模块化、接口通用化和通用的水库洪水调度系统，可实现水库调度方案的迅速生成、制定、仿真模拟、评价与选择等过程。

1.1.2.3 区域水资源优化分配

区域是社会经济活动中相对独立的基本管理单位，水又是区域发展中不可替代的资源，区域水资源总量的有限性决定了其开发阈限存在的客观性，因此对区域水资源进行优化分配具有特殊的意义，需要兼顾经济、社会等多方面利益，进行多目标方案优选或优化。

国内对区域水资源进行多目标可持续利用优化分配的研究工作尚属起步阶段，这一新兴研究方向还没有形成系统的优化思想和理论，将模糊集理论系统用在区域水资源优化分配中的则更为少见。目前，大部分工作是基于模糊综合评判所作的评价和方案优选，如唐斌山根据模糊综合评判原理研究了石羊河流域水资源开发利用的战略问题、区域发展目标以及区域发展的战略重点；高彦春等提出了区域水资源开发利用的总体模式，利用模糊综合评判模型确定了当前汉中盆地平坝区水资源开发利用所处的阶段，并提出了相应的开发对策；陈守煜在论述区域水资源可持续利用与水资源承载能力关系的前提下，提出了区域水资源可持续利用评价的模糊模式识别理论、模型和方法，并应用所建立的模型对汉中盆地水资源可持续利用的程度进行了评价；肖长来等采用模糊综合评判方法确定了吉林省西部各区、市、县及主要城镇的水资源可持续开发模式；冯耀龙等采用模糊层次评价方法，对天津市1985～1998年水资源系统可持续发展状况进行了评价研究；陈守煜等在完成国家科学技术委员会地方性重大科研项目时，研究了大连市水资源综合利用与经济发展协调管理模式，应用建立的水资源与经济协调管理模型优选出大连市2000年、2010年的支柱产业和必要发展行业的规划战略。

1.1.2.4 农业水资源管理

模糊集理论与传统的系统分析相结合，广泛地应用于水库调度、决策方案优选与评价，显现出了强大的生命力。但在农业水资源中的应用则相对滞后，目前主要被用于模糊综合评判中，在规划和优化设计中的应用则较为少见，系统地对农业水资源进行多目标优化管理还未看到。

对农业水资源的某一方面进行多目标优选与评价是继可持续发展的观点提出后，近十多年来新兴的课题，最早的研究是在1990年，贾全昌将灌区井渠灌溉调配问题归结为多目标的灰色局势决策问题，对衡水湖灌区地表水与地下水调配运用进行了决策分析；1994年陈守煜将模糊优选与模糊关系有机地结合起来，提出了多目标系统模糊关系优选决策理论，并对河南省人民胜利渠灌区进行了灌溉序贯决策和农业系统耕作方式的优选决策，取得了理想的效果，为农业决策提供了一条新的途径，但在优选决策过程中目标是等权重的，尚需做进一步的改进；田媛应用模糊优化原理，对提灌区不同规划方案进行了最优化排序；罗金耀等在提出节水灌溉工程综合评价指标体系及结构模型的基础上，研究了节水灌溉工程模糊综合评价的理论和方法，将节水灌溉工程综合概括为涉及政治、技术、经济、资源、环境和社会等六大类问题，归纳出42条指标，建立综合评价体系，采用两级模糊优选模型对广西凭祥市巴休节水灌溉示范工程进行了8个方案评价，优选出喷灌所用喷头及管网材料，然后又对指标进行合理度和满意度讨论，用总可能满意度来评价方案，但其方案间优属度及可能满意度间的差值均较小；戴楠采用关联分析与模糊识别相结合的办法，考虑工程投资、运行费用、工程占地和生态环境4种因素，进行了灌区排水系统方案优选；周华用模糊综合评价理论，建立了宁夏河套灌区综合评价指标体系及结构模型，提出灌区节水灌溉工程实施最佳方案；喻黎明等采用模糊综合评判对灌区进行喷灌喷头的选择；赵建世等通过引入灌溉用水和作物产量的关系及模糊数学的概念，提出了对农业灌溉供水的模糊评价方法；赵竞成等针对农业高效用水的特点建立了基于模糊方法且比较完整的农业高效用水工程综合评价体系；徐建新在综合评价体系的基础上，采用两级模糊优选模型对大名县某灌区的灌水方式进行了优选，其中各指标的相对隶属度分别采用陈守煜提出的定量与定性指标的相对隶属度的确定方法，各级权重采用专家打分的方法来确定。冯峰、许士国针对灌区水资源综合效益的评价问题，对于不同层次权向量的确定方法进行改进，构建了改进的多级多目标模糊优选评价模型对方案优劣进行评价。可见，多目标模糊模型基本上还是用于评价与方案优选，而且在目标和指标权重的处理上基本是采用主观打分的方法，主观任意性较大。

在农业水资源规划及优化工作中，模糊多目标模型还不多见。张展羽等针对农作物供水量常常受水源条件制约的问题，提出作物非充分灌溉制度的设计方法，将作物蒸发条件下土壤水分的消长函数概化为线性和非线性两部分，用模糊动态规划的方法确定作物的非充分灌溉制度，给出了作物全生育期的水量分配过程；马建琴采用陈守煜模糊优选模型设计非充分灌溉条件下作物的灌溉制度；针对非充分灌溉制度设计中约束的不合理性，考虑作物凋萎的风险，陈守煜、马建琴等提出了农作物非充分灌溉制度多目标模糊优化设计；为解决多作物间争水和种植面积问题，汤瑞凉、郭存芝等考虑灌区的多个目标，建立了熵权系数模型对灌溉水资源进行优化调配；针对熵权系数模型中存在的问题，陈守煜、马建琴等又提出了作物种植结构多目标模糊优化模型与方法，在考虑社会、经济、环境等多个目标下，对灌区的水、土资源进行了优化，并对目标权重进行了探讨，为农业水资源的优化分配给予了新的理论指导。

通过以上对模糊集理论在水资源系统中研究现状的综述，可以看出，模糊集在农业水资源优化中的研究与应用都是较为欠缺的，特别是对区域农业水资源模糊集的系统研究与应用，如何应用模糊集理论，对灌区多目标水资源系统进行时空优化分配将是一个有意义的研究课题。

1.2　我国农业水资源的现状及其可持续利用

农业是用水大户，随着我国水危机问题的出现，农业也面临着严重的危机。为实现农业的可持续发展，必须充分利用有限的农业水资源。发展节水农业是实现我国农业可持续发展的一个关键性问题，而对灌区实行用水管理，对作物进行非充分灌溉，制定作物的非充分灌溉制度、优化作物种植结构和面积则是节水农业的重要内容之一。

1.2.1　水危机及我国水资源的现状

早在1977年联合国就公开向全世界宣言：水资源的危机不久就会成为一个极其严重的社会危机，继石油危机之后，接踵而至的便是水危机。水危机已经或正在威胁着人类的生存和发展。

我国是世界上严重缺水国家之一，全球年均降水量约 119×10^4 亿 m^3，我国仅为 6×10^4 亿 m^3，占世界年均降水量的5%，年均水资源总量为 2.81×10^4 亿 m^3；从数量上来看，我国水资源量并不少，居世界第六位。但是我国人口众多，人均水量只有2 251 m^3，仅为世界人均水平的1/4，居世界149个国家的第110位，已达到严重缺水的边缘，是世界上13个贫水国之一。

我国不但水资源量缺乏，而且水资源分布严重不均衡。降水在地域上是东南多、西北少，山区多、平原少；雨量大致由东南向西北递减，东南沿海正常年份降雨量大于1 200 mm，西北广大地区小于250 mm。长江流域及其以南地区，仅占国土面积的30%，而降水量却约占全国的80%；同时，降水量年内分配也极不均匀，冬春少雨，夏秋多雨；汛期雨量过于集中且利用难度很大，非汛期又往往缺乏水量。另外，降水量的年际变化大，丰水年与枯水年的水量相差悬殊，极易造成水旱灾害。

水资源分布不均造成我国北方大部分地区水资源匮乏，有关资料表明，目前我国干旱缺水的地区涉及20多个省市区,在全国600多座建制市中,有近400座城市缺水,其中严重缺水的有108座;全国城市每年缺水量为60亿 m^3,日缺水量已超过1 600万 m^3。缺水给城市工业产值造成的损失在2 000亿元以上,且呈增长之势。农业缺水问题也很突出,按现状用水统计,农业正常年用水缺水量为300多亿 m^3,受旱面积达3亿~4亿亩(1亩 = 1/15 hm^2),每年因干旱减产粮食几百亿千克;资料表明,1994年干旱造成2 653万人和1 840万头牲畜饮水困难。近年来,我国北方遭遇连年干旱,如从2008年冬季到2009年春季,大部分地区雨雪稀少,干旱面积逐步扩大,严重影响和制约着冬小麦的生长发育和产量形成,对我国农业生产造成很大的影响,对农业可持续发展、粮食安全和社会稳定构成了严重威胁。

在水资源匮乏的同时,我国的水污染问题也十分严重。由于经济的快速发展,工业废水和城市生活废污水排放量的急剧增加,以及农药、化肥施用量的不断增加,致使我国水体污染及水环境问题日益严重。水利部门对全国约700条大中河流近10万km河长的检测表明,我国现有河流约1/2的河段受到污染,1/10的河长污染严重,已失去了使用价值。目前,我国因污染而不能饮用的地表水占全部监测水体的40%,流经城市的河段中78%不适合作为饮用水源,50%的地下水受到污染,64%的人正在使用不合格的水源。水污染问题无疑加重了水资源危机,因河流水质恶化导致供水困难的情况已日趋增加,使水资源短缺状况更加严峻。

缺水还导致过量引用地表水和超采地下水,造成了西北内陆河流域下游湖泊干涸,荒漠化、盐碱化不断发展,华北等许多地区出现大规模的地下水降落漏斗,青岛、烟台等地大规模的海水入侵,黄河干流的高频率、长时间断流且不断加剧等十分严重的生态环境问题,也造成了地区之间、工农业之间、城乡之间用水矛盾十分尖锐的社会问题,威胁到了人类生存的环境和农业的可持续发展。

在未来年份,我国缺水问题将会更加严重。据专家预测,我国的缺水高峰将在2010~2020年出现,乐观的估计是2020年将缺水300多亿 m^3,届时,我国可能出现全局性的大面积水荒,淮、辽、海河在枯水期将更加黑臭,长江和珠江污染河段将超过一半,太湖等湖泊富营养化可能会形成不可逆转的局面,如果2020年前后,我国地下水质出现大面积恶化,后果将不堪设想,全国人民的生存将会产生危机。

由以上资料可见,我国的可利用水资源量极其有限,随着我国人口的增加和经济的快速发展,人们对水的需求将会进一步增加,从而导致水资源供需矛盾的加剧。如果不能妥善处理水资源短缺问题,则水资源问题将会成为制约我国社会经济进一步发展和人民生活不断改善的重要因素。因此,必须加强水资源管理,合理调配和充分利用水资源。水问题的妥善处理将会对我国经济产生深远的影响。

1.2.2 我国农业水资源的状况、存在问题及对策

农业是国民经济的基础,水是农业发展的命脉,也是整个国民经济发展和人类生活的命脉,因此水对农业有着特殊的重要的意义,是任何物质所不能代替的。在各个用水部门中,农业是用水大户,灌溉用水量最多,约占全国总用水量的70%。

我国农业可持续发展的主要制约因素是水土资源不足及其分布不均。全国人均耕地

不足世界平均水平的1/3，人均水资源占有量不足世界人均水平的1/4，且81%的水资源集中分布在长江以南。而人口和耕地分别占全国的45.3%和64%的长江以北地区人均、单位面积耕地水资源量仅分别为全国平均水平的1/5和1/3，分别为世界平均水平的1/20和1/5，水资源与生产发展不相适应的程度十分突出，而西北、华北地区则更为突出。

新中国成立以来，我国农业灌溉面积呈上升趋势，农业灌溉面积已从1950年的1 600万hm^2增加到1993年的5 000万hm^2，现有大型灌区248个，其中有效灌溉面积约1 530万hm^2。虽然灌溉面积在逐年增加，但随着国民经济的发展，农业用水量在全国总用水量中所占的比例已呈逐年下降趋势：1949年我国农业用水量约1 001亿m^3，占全国总用水量1 030亿m^3的97.2%，到1997年该比例下降到75.5%，目前我国单位耕地面积占有水量为28 320 m^3/hm^2，仅为世界平均水平的78%，据有关专家预测，随着工业和城市的发展，工业和城市生活用水将大幅度增加，并进一步挤占农业用水，到2050年，农业用水将会降至54%。干旱缺水已成为影响我国农业生产的最大的且不断加剧的自然灾害，全国受旱成灾面积呈上升趋势（见表1-1）。

表1-1　全国受旱面积统计　（单位：万hm^2）

年份	平均受旱面积	平均成灾面积	成灾率	最大受灾面积	最大成灾面积
1950～1959	1 160	370	31.9%	3 381	1 117
1960～1969	2 164	1 003	46.3%	3 812	1 865
1970～1979	2 612	745	28.5%	4 017	1 797
1980～1989	2 456	1 176	47.9%	3 290	1 530

农业用水量的下降给农业生产带来了严重的问题。目前，全国尚有近半数的耕地未得到灌溉，有7 500万农村人口和2 000万牲畜连饮水都有困难。随着工农业争水问题的日益加剧，当前农业所面临的水资源供需矛盾非常突出：全国每年受旱农田面积占整个耕地面积的25%～35%，灌区年缺水量300亿m^3，现有的0.5亿hm^2灌溉面积中，约有16%的面积没有充分发挥效益，每年因干旱减产的粮食达1 000亿kg。缺水对农业生产产生了十分不利的影响，使粮食安全受到严重威胁。

我国是一个农业大国，同时又是一个人口大国，我国要以占世界7.3%的耕地养育占世界22%的人口，就必须生产足够的粮食，据预测，我国将在21世纪中叶出现人口高峰值，达16亿人，人口的增长将会引起对粮食及其他农产品需求的急剧增加，要想基本满足人口增长和生活水平提高对粮食的需求，就必须提高粮食产量。而粮食的增加可以通过扩大耕地面积、提高作物单产和扩大灌溉面积三条途径来实现。

新中国成立60多年来，我国的耕地面积一直呈递减趋势，人均耕地面积从1952年的0.19 hm^2减至1995年的0.08 hm^2，仅相当于世界人均水平的1/3；而且，随着城市化步伐的加快，城市向农村的进一步扩张，农村耕地面积只会越来越少，不可能再有所增加。

粮食单产的大幅度提高有赖于作物品种的改良，特别是生物基因工程技术的突破，仅就目前的品种来讲，灌溉则是提高单产的重要途径，据水利部20世纪80年代初对全国灌溉农田和非灌溉农田粮食产量的调查，旱作物的平均产量为4 500 kg/hm^2，而非灌溉农田产量仅2 100 kg/hm^2,一般灌溉农田的粮食产量要比非灌溉农田的产量高1~3倍,而且越是干旱的地区增产幅度越大。因此,进一步提高有效灌溉面积是目前比较实际的举措。

我国农业水资源存在着极大的浪费。目前,我国许多地区农村仍采用大水漫灌的方式进行灌溉,灌溉定额过大,如黄河上游的河套灌区引水量高达8 000~10 000 m^3/hm^2;同时,灌溉工程老化等问题突出,渠道输水损失大,跑、冒、滴、漏等问题严重,造成灌溉水的利用率相当低,灌区灌溉水的有效利用率仅为0.3~0.4,井灌区的灌溉水利用系数也只有0.6左右,远低于发达国家农业灌溉水资源有效利用率0.8左右的水平;在华北地区,生产1 kg小麦平均耗水1 000 kg,而在用水效率高的国家,这一指标仅为600 kg。可见,如果能对我国的广大灌区进行统一规划,采取必要的节水措施,加大已有的节水力度,将节约的水量用来扩大灌溉面积,从而提高整体粮食生产水平还是比较现实的。

由于粮食生产的极端重要性,针对我国目前的农业水资源现状,只有采取开源节流的对策。我国目前水资源开发利用率已达19%,接近世界平均水平的3倍,再想增加新的可利用水资源就意味着付出高得多的代价或者已不可能。因此,只有加快节水工作的步伐、优化配置水资源、进行科学灌溉、提高灌溉水利用率和维持农业良性的生态环境,才是缓解当前农业水危机和解决未来生存的重要途径。

面对水危机,要使农业持续发展就要发展节水型农业,以便合理开发利用水资源,使有限的水发挥更大的效用。节水型农业指的是充分利用降水和水利与农业措施,节约水资源,提高水的利用率和经济效益。节水型农业是个系统工程,需要多方面的共同努力,做好节水、蓄水、保水的工作,以最少的用水量满足农业发展的需要。只有依据水资源状况,确定合理的种植结构、布局,使水资源的开发利用与生态环境得到长期协调的发展,才能实现农业水资源的可持续利用,农业才有可能实现可持续发展。

1.2.3 节水灌溉及其主要内容

21世纪是我国经济的大发展时代。我国21世纪的农业发展,一方面面临人民生活水平不断提高、人口进入高峰期和社会经济持续发展对农产品需求量不断增加的巨大压力,另一方面又面临人多地少,后备耕地资源有限、现有耕地面积由于建设占用而持续减少的问题。

我国今后要增加农作物产品产量主要依靠提高单位面积产量来实现,然而,在我国的季风气候条件下,无论北方或南方地区在没有灌溉保证条件下,要实现高产稳产是不可能的。因此,我国农业所面临的巨大压力和矛盾,必然要逐步转移到农业供水上来,而要大幅度增加我国农业供水量是非常困难的,若按现状用水需求状况外延,我国21世纪的农业发展所面临的供水危机,将比以往任何时期都要严峻。解决上述危机的根本出路,是大力发展规模化农业高效节水,提高大范围农业水肥利用率和单位水量、肥料的农产品产出率,同时还要加强对中低产田改造和水土保持、水土资源环境保护与改良等。这就迫切需要立足国情,研究和发展节水农业,既要提高土壤的生产能力,研究灌溉水量有限条件下作物群体光合产物的最优分配策略,以提高光合效率和经济产量及水分利用效率,研究作物生理节水的潜力,把作物生长发育和达到某一产量水平必须消耗的水量控制在最低的限度;又要保持水土资源的持续利用。

节水灌溉在节水农业中占有举足轻重的地位,长期以来,灌溉工作的中心都是围绕农业高产稳产进行的,这就形成了目前我国大部分地区尤其是北方灌区灌水量偏大、灌溉水效率低下的现状。为改变这种状况,在管理方面就需要采取节水灌溉措施。节水灌溉是指根据作物需水规律及当地供水条件,为有效利用降水和灌溉水,获取农业的最佳经济效益、社会效益和生态环境效益而采取的多种措施的总称。由于我国北方干旱地区水资源紧缺是制约国民经济发展,尤其是农业生产可持续发展的主要限制因子,实行节水灌溉和优化补充供水,是农业良性发展的主要措施,因此提高灌溉水利用效率,发展节水灌溉是我国未来农业发展的一个重要方向。

为缓解农业用水供需矛盾,需要采用节水灌溉,改变传统的用水、管水办法,科学有效地控制灌水时间、灌水量、灌水均匀度等,提高灌溉的科技含量。节水灌溉包括降低渠道水量损失、提高用水管理水平和采取节水型灌水方法及技术三方面的内容。

提高用水管理水平是节水灌溉的一项主要技术措施,联合国粮农组织国际灌排委员会、国际灌溉管理研究会等组织专家经过多年研究认为,在不投入大量资金对现有灌溉工程进行大的改造时,通过提高灌溉管理水平,有着很大的节水增产潜力。在目前情况下,提高用水管理水平,可以从以下几方面着手:

(1)因地制宜,制定最佳灌溉排水制度,合理进行灌排。

(2)实行计划用水,节约用水,实行按量配水。

(3)合理征收水费,鼓励用户节约用水。

(4)搞好工程配套、改造和维修。

(5)提高管理人员技术素质,组织农民参与灌溉用水管理。

1.2.4 节水灌溉管理措施的可行性

国际上公认,灌溉节水的潜力50%在管理方面,关键在于人类社会的管理与调节。

目前,我国农业水资源管理机制不合理,造成水资源开发利用过程中出现许多问题,这主要表现在以下几个方面。

(1)机制失灵,水资源短缺与浪费并存。尽管我国农业年缺水量约300亿m^3,但现有灌溉用水量却超过作物合理灌溉用水的0.5~1.5倍,1 m^3水的粮食生产效率仅为0.8 kg,还不及发达国家的1/2,农业水资源利用效率仅为30%~40%;另外,灌溉供水任意性大,配水无计划也造成宝贵的水资源浪费严重。

(2)灌溉工程老化。我国的大型灌区,大多数是新中国成立前、20世纪50年代末60年代初以及70年代这三个时期修建的。由于历史原因以及后续配套资金不足、管理措施跟不上等,致使灌区目前状况十分令人担忧:存在灌排不分、工程老化、渠道坍塌淤积、渗漏严重、灌水失控、灌溉面积萎缩等诸多问题,灌溉用水浪费比较严重,造成水资源的无端浪费。

(3)过量引用地表水和超量开采地下水,导致生态环境恶化,出现大面积地下漏斗、地面沉降或裂缝、黄河断流和海水入侵等问题。由于缺乏统一的调配管理,人们在无序状态下对水资源进行无节制、掠夺性的开发利用,已引起许多问题。近年来,由于上游引黄灌区盲目大量引水,造成黄河断流,且断流时间及河段越来越长。黄河利津站1992年断流83 d,1995年断流122 d,1997年断流长达226 d,断流河段最长达700 km。这方面的例子还有很多,如由于盲目开采,河北沧州地区地下水位降落漏斗区中心水位下降已超过50 m,天津、胶东半岛龙口、莱州和寿光等沿海地区,也因地下水位下降发生海水入侵及地下水咸化问题。

(4)现行体制和政策难以形成有效的节水机制,管理单位失去节水的积极性,不利于节水。由于我国农用水价极低,致使水利工程管理单位收不抵支,举步维艰,无力对水利工程进行维修,于是更加剧了问题(1)、(2)、(3)的恶化。

对以上问题进行分析可以发现,我国农业的节水潜力还是很大的。对有限的农业水资源进行统筹安排,制定合理的灌溉用水制度,优化种植结构,节约用水,再加上对灌区的改建、修缮,即可节约出可观的水量用以扩大灌溉面积。有资料表明,我国粮食作物单位面积灌溉用水量减少10%左右,每年可节约用水400多亿 m^3,即可扩大灌溉面积0.84亿亩,可见节水潜力之大。若采用先进的节水灌溉技术,将我国灌溉水利用系数提高0.1~0.2,按全国农业年用水总量4 000亿 m^3 估计,每年可节约用水量400亿~800亿 m^3,相当于南水北调中线工程年引水量的2.8~5.5倍。这将对缓解我国水资源供需矛盾有很大作用。

由于我国当前水资源开发利用已具相当高的程度,尤其北方一些地区开发程度已经很高,再兴建供水工程,不仅困难而且造价高;另外,对灌区进行工程措施改造需要大量的资金,这需要国家、地区政府给予扶持。以上这些因素决定了我国供水不可能大幅度增长,只能从管理上下工夫,提高灌区管理水平,对水资源进行需求管理,量入为出,合理优化配置有限的灌溉水资源,对作物进行非充分灌溉,把节约的水量用以扩大灌溉面积,提高灌区总产量,这是比较现实的举措。

1.3 农业水资源优化研究领域的发展与现状

对灌区进行非充分灌溉,对有限的水资源进行优化配置,提高灌区的用水管理水平是节水灌溉一项主要的技术措施,节水灌溉是建立我国节水农业的关键,而节水农业是我国农业可持续发展的保障。因此,在有限水资源条件下,对灌区进行基于非充分灌溉理论下的水量优化分配就显得至关重要。非充分灌溉是20世纪灌溉技术的重要成果,在我国关于非充分灌溉的概念与内涵正被逐渐接受和理解,但对非充分灌溉条件下灌区系统的理论研究还处于起步阶段,下面介绍本领域的主要发展与研究现状。

1.3.1 非充分灌溉理论和非充分灌溉制度设计研究现状

非充分灌溉是在水源不足或水量有限的条件下,确保各作物水分敏感期的用水,减少对水分非敏感期的供应的一种灌溉理论。其主要目的是提高单位水量创造的经济产量,使有限的灌溉水量获得最大的效益,以实现资源节约和高产高效,提高用水效益。

20世纪60年代中期,Jensen和Sletten研究发现,水分亏缺对高粱的影响是仅当每次灌前土壤的相对有效含水率(A_w)下降至25%以下时,产量才会较大减少。美国得克萨斯州的BushLand地区,在20世纪60年代试行限水量灌溉后,水的生产效率得以显著提高。

20世纪70年代,美国加利福尼亚州和俄勒冈州的干旱地区开始非充分灌溉试验。1974年,Woodruff等提出采用EDI技术,在美国中部大平原大田作物的广泛试验证明,其节水效果明显,产量也不会减少太多。1979年FAO总结了世界范围内26种作物产量与水的关系,同时把有关水分生产函数的成果作为一个重要的约束条件或模拟产量的目标,用于规划、评价流域和灌区的经济效益,探索限水灌溉时的最优水管理策略。1982年,T. M. Marshall和C. N. Brian给出了非充分灌溉的通俗解释,即有意给作物少灌水,包括减少灌水次数或灌水定额。后来在试验研究的基础上,不少学者进行了非充分灌溉条件下作物—水模型研究,并进行了作物灌溉制度方面的研究与探讨。

我国是在20世纪80年代初期才开始非充分灌溉研究的,起步较晚,在单一作物灌溉制度制定方面取得了相当大的成绩,但在应用与推广上尚存在两大问题:一是应用研究比较薄弱,基础理论研究与应用技术的推广还不能很好连接;二是非充分灌溉的推广应用具有一定的条件与风险,非充分灌溉技术的模式化和标准化尚待研究。

进行非充分灌溉是有意减少对水分非敏感期的灌水,会使单位面积产量或产值有所降低,但减产的幅度并不大,对于灌区而言,减少供水量后,节约的水量可用来扩大灌溉面积,从而提高灌区整体的粮食产量。针对目前我国北方干旱地区的灌区,突破传统的充分灌溉理论的约束,进行非充分灌溉具有重要的意义。

研究作物的灌溉制度是实现水量在作物生育阶段的分配,即时间上的分配,它是目前非充分灌溉条件下,灌溉水资源优化体系中研究最多,也是研究相对最成熟的部分,采用较多的是动态规划或随机动态规划。但由于作物水分产量模型本身的问题,在确定具体的灌水日期时有一定的难度。

国外在非充分灌溉制度优化设计方面的研究情况是:在1967年,Filn和Musgrave首次将DP规划用于非充分灌溉制度的制定,但该模型忽略了阶段初计划湿润层的储水作用;1968年,Hall和Butcher提出了一个包括阶段初可供水量和土壤含水量为状态变量的二维DP模型,决策变量为各阶段灌水量,但文中没有说明缺水灌溉是如何根据土壤含水量状况确定作物实际腾发量的;1982年,Tsakiris G. 和Kiountouzis E. 在讨论非充分灌溉土壤有效含水率的基础上,对作物灌溉制度进行了研究。以上的这些模型均为确定性模型。

自1969年,国外开始进行随机模型方面的研究,De Lucia把SDP模型运用于制定农作物的最优灌溉制度,模型中径流和降雨被处理为随机变量,主要是强调供水的不确定性;1971年,Dudley等运用二维的SDP模型,求得了缺水灌溉条件下的最优灌水量和灌水次数,将降雨量和土壤含水率视为随机变量;1981年,Cordova和Bras利用随机控制原理对有限灌溉水量在作物生长季节内的最优分配问题进行了研究;1981年,Rhenal和Bras建立了以腾发量为随机变量的SDP模型,在优化设计过程中把腾发量处理成齐次马尔可夫过程;1983年,Raju和Lee基于Morgan动态水分生产函数模型,求解了缺水灌溉的最优灌水策略,后又考虑降雨的随机性来制定非充分灌溉条件下作物最优的灌溉制度。

由于作物水分敏感指标是按作物的生育阶段给出的,因此按上述的DP模型和SDP模型求得的最优水量分配仅局限在作物各生育阶段内,而不能解决在短期(周、旬)及规则时段内如何优化分配有限水量。1988年,Rao等提出用生育阶段和周时段的两级水平求解优化灌溉制度:第一级由生育阶段水分敏感指标,用DP法求生育阶段灌溉制度,第二级采用土壤水分模拟法,将已分配到每个生育阶段的水量再分配到该阶段的各标准周时段,以适应各周内的水分亏缺。但该方法需要大量的试验资料,这也是该法得不到推广的原因之一。

国内对非充分灌溉制度设计的研究虽起步较晚,但也取得了大量的研究成果。在进行非充分灌溉制度制定时,采用的作物水分模型可分为最终产量模型和动态产量模型。由于最终产量模型计算简便直接,具有所需提供的数据少等优点,我国通常采用最终产量模型,其中Jensen模型在我国应用最广;虽然动态产量模型可以跟踪作物生长过程并根据可能的供水状况对作物产量进行预测预报,但由于计算过程中需要详细的气象资料,且有些因子不易确定,加之我国农业的试验条件较差,因此动态产量模型在我国应用得较少。

由于试验的技术设施、观测精度及周围环境等各方面因素的制约,有时由实测数据计算得到的生产函数模型中的敏感性参数往往带有随机性,作物生育阶段划分得愈多,各阶段敏感性参数的随机误差就愈大。因此,有不少学者进行了敏感性指数的研究,为克服敏感性指数的不可移用性,崔远来考虑了作物需水量的频率P,与作物水分生产函数模型中敏感性指数直接建立关系,对水分生产函数的时空变化规律进行了研究,为敏感性参数的移用提供了理论依据。

与充分灌溉制度的制定类似,在非充分灌溉制度制定方面,大体上有以下三个阶段:

(1)利用确定性优化模型进行灌溉。该方法首先根据历史资料和确定性优化模型,得出不同水文年的灌溉制度,然后根据长期预报面临年份属于什么样的水文年份,选定相应的灌溉制度。1986年,荣丰涛用DP法对山西冬小麦最优灌溉制度进行了研究;1990年,袁宏源等用二维DP模型求解了黑龙港地区多种旱作的最优灌溉制度。模型的状态变量为各阶段初可供水量及土壤含水量,决策变量为实际灌水量及腾发量,并用逐次渐近法(DPSA)对二维DP模型进行了求解;运用此法的还有郭宗楼(1992)、张展羽(1993)、陈亚新(1995)、崔远来(1995)等;1997年,李寿声等在Morgan模型中综合考虑水、肥对产量的影响,用二维DP模型求解了稻田优化灌溉制度。实际上,要正确地预测未来的水文气象过程,尤其是中、长期过程是比较困难的,因此人们开始转向对随机模型的研究。

(2)利用随机性优化模型寻求灌溉制度。一般是利用统计学原理找出随机变量的分布规律,将其作为系统优化模型的输入,从而获得作物非充分灌溉的优化结果。目前,国内进行随机模型的研究不多。1999年,崔远来将降雨视为随机变量,采用以旬为时段的敏感指数值,求解了稻田最优灌溉制度。

(3)利用实时调度模型结合预报进行实时调度。该方法的实时调度模型可以较灵活地根据实时调度时的各种情况,通过模型的优化不断地向决策者提供决策信息,指导运行。它是非充分灌溉制度优化设计的发展方向,但目前国内尚未见有此方面的研究成果。

纵观以上国内外基于非充分灌溉理论的作物灌溉制度设计,模型多以追求作物最终产量或净效益最大为目标,在计算过程中只给出了控制土壤含水率的上下限指标,在研究中多以田间持水率作为上限指标,凋萎点附近含水率作为控制灌溉的土壤含水率的下限指标。这种约束的不合理性必然导致优化的结果是在敏感性指数小的阶段根系土壤的含水率趋近于凋萎系数，虽最大限度地提高了灌溉水的生产效率，但在生产中不易控制，作物极易因过于干旱而导致凋萎，伴随着比较大的种植风险。

1.3.2 作物种植结构优化及作物间最优水量分配研究现状

由于我国农业相对落后，对作物种植结构问题虽然提的较多，但绝大多数是进行定性的分析，对于定量的计算则进行的较少，也有一些是从经济的角度来进行作物种植结构的研究；穆勇等从经济问题研究的角度，建立了模糊线性规划模型，采用模糊规划法对垦区农场种植业进行种植结构决策；何满喜等应用多元统计分析和灰色系统理论等方法对内蒙古自治区种植结构建立数学模型，研究粮食生产的制约因素，提出协调种植业结构的建议。但这些模型均未针对灌区的农业水资源情况来进行设计。

从水、土资源的角度出发，作物间最优种植结构优化一般是指在灌溉定额已定的前提下求解各作物最优的种植面积，目前采用较多的是 LP 模型。1971 年，Dudley 提出了一个模拟动态规划模型，用来求解已知供水量时作物的最优种植面积，后来又考虑了来水的随机性，用模拟模型对种植面积进行了优化；1980 年，Kumar 和 Khepar 用 LP 模型求解了作物最优布局；1993 年，A. Lizadeh 提出了一个在有限水量下作物最优种植模式的 NLP 规划模型；1996 年，De Juan 在规划过程中考虑了灌水均匀度，采用 LP 模型求解了作物最优布局；1989 年，姚崇仁提出了一个考虑每次灌水定额不同条件下的作物灌溉面积优化 LP 模型；卢秀春等将灌区总产值最大作为目标，灌区水量作为约束条件，建立了景泰灌区种植结构优化的线性规划模型。在以上的研究中，均以经济效益或净收益最大为目标，而忽视了社会效益和生态效益。

在以经济效益为目标的农业开发中，虽然取得了较大的成绩，但是由于忽视了生态效益和社会效益，极易导致地区生态环境的恶化，直接影响到地区农业的可持续发展。

针对我国目前的农业水资源状况，在灌区水资源不足时，只有通过经济、生态、环境等诸多方面的协调发展，建立面向市场和资源双重约束的节水型种植结构，优化各有关生产要素的时空配置，最大限度地发挥农业自然资源的生产潜力，才能取得最佳的综合效益，农业才能得到可持续发展，增进我国农业生产力和确保 21 世纪人口粮食安全。目前，对作物种植结构优化的多目标模型较少，孔日表等以粮食产量、农作物总收入、化肥需要量作为目标，建立了灰色多目标线性规划方程对作物种植面积进行优化，求解过程中引入偏差变量以克服目标函数与约束条件矛盾时灰色问题的求解困难，是对灰色解决多目标问题的一种探索；汤瑞凉等把作物种植结构优化作为多目标问题来处理，考虑了经济、社会和生态三个目标，并建立了熵权系数模型，以熵权评价值作为效益系数来进行作物种植面积的优化设计，采用的规划方法是线性规划，但其熵权评价值是一个线性指标，以线性指标来解决复杂的非线性问题显然欠妥。对作物种植结构进行优化，对灌区水、土资源进行优化分配还有待于进一步研究。

将作物种植结构优化模型和单一作物的灌溉制度优化设计模型进行组合，就可实现水量在时间和空间上的分配。1982 年，Yaron 和 Dinar 应用分解原理，提出了一个 LP－DP 模型，用于求解多种作物灌溉水量最优分配。1996 年，Vedula 和 Kumar 考虑来水的随机性，提出了一个求解灌水量最优分配的 LP－SDP 模型，其中水库库容、季内入流量和降雨量被处理为随机变量。我国学者在这方面也做了一定的研究工作,1991 年,曾赛星和李寿声在考虑了地表水和地下水联合调度时,采用 LP – DP 模型对井渠结合灌区优化灌水计划进行了研究;同年,袁宏源等用 NLP – DP 模型求解了多作物间灌溉水量最优分配问题。但在以上模型中,均是把水量作为连续变量来处理的,跟实际灌溉系统的配水不相适应,所得到的结果无法直接用于实际农田布置和灌溉。为此,Yaron 和 Dinar 用混合整数规划对问题进行求解,但由于模型不能很好地反映缺水对灌溉制度的影响而不具推广价值。为解决此问题,Rao 在 1990 年提出了 DP – DP 规划模型,很好地解决了此问题;此模型后在 1994 年、1997 年和 1999 年被我国学者郭宗楼、崔远来等用于具体的灌区研究,取得了满意的结果。1998 年,马建琴同时以水、土资源作为变量,建立了上下两层均为二维的 DP – DP 规划模型对灌区水资源和土地资源进行优化,在灌溉定额未知的前提下,制定了作物的种植面积和水量的时空分配;不足的是,以上这些模型都只考虑了作物产量或净收益目标,对其他如社会需求、生态环境等目标未作考虑。随着社会的发展和水资源的日趋紧张,生态和社会需求问题将会受到越来越多的关注,在进行优化时成为考虑的目标和对象。

1.3.3　区域水资源优化配置研究现状

水资源在区域社会经济发展中具有重要的作用,并具有不可替代性。随着经济的发展,水资源供需矛盾越来越大,同时水资源的水质以及时空分布不均等问题日趋严重,促使人们从区域的概念出发,从水量、水质及其对环境和社会的影响,评价各地区、各部门的水资源供需状况,协调各地区、各部门间的水资源分配,以使区域水资源得以充分、合理的利用。

对区域水资源进行优化分配,通常采用系统分析的方法,以达到以供定需、节约用水、合理开发和高效利用地表水、地下水和雨水资源,提高水的利用率的目的。早在 1971 年,美国的 Bishop 就提出了流域水资源管理的概念,引起了社会广泛的重视;1972 年,Y. Y. Haimes 将供水和用水作为协调对象,进一步提出了区域水资源管理机构的概念,构造了区域供、需水模型,并建立了加利福尼亚水利工程管理系统协调管理模型。

国外在水资源系统管理方面作了大量的研究,在应用线性规划、非线性规划、动态规划、网络技术、多目标优化等技术解决水库调度、流域规划与管理、水资源开发与管理等复杂问题方面取得了相当大的进展。目前,建立模型的数目已很多,但比较成功的模型所占的比例并不大。国外早期比较成功的有美国与加拿大接壤的圣约翰河水资源管理模型、芬兰国家水资源管理模型、以色列水资源管理模型、南斯拉夫 Moraua 流域的水资源规划管理、加拿大 Ottawa 流域及 Great Lakes 系统的水资源规划与调度、华盛顿特区城市配水系统、阿根廷 RioColorado 流域的水资源开发规划等。

在农业水资源系统管理方面,1960 年,Cashe 和 Lindedory 应用线性规划分配两个农业区的地下水和地表水;1970 年,Bredehoeft 和 Young 首次将地下水模拟技术应用于农业管理模型,提出了确定农业决策的线性规划模型与拟合含水层的地下水模型。以色列理工大学自 1985 年以来进行了灌溉 ES 的开发试点工作,如 Erez 的灌溉网络规划 ES,以及 Kranz 的灌溉方式选择 ES,取得了相当大的成绩。由于水资源系统本身的随机多变性,目前国外在随机、动态模型方面做了大量的工作，将降雨、来水过程、作物需水视为随机过程，从而实现水的实时分配。

我国在水资源系统方面的研究起步较晚，但发展很快。20 世纪 80 年代初华士乾等对北京地区的水资源系统进行了研究；1992 年翁文斌等初步建成了京津唐水资源规划 DSS，对该水资源系统的数十个供水规划方案作多目标分析并给出方案的优略排序；竺士林等在太原市水资源评价的基础上系统地研究了太原市水资源与国民经济投入产出、水资源优化调度、特殊干旱年水资源对策和 2000 年、2010 年水资源战略措施。1995 年，朱文彬在区域经济与水资源协调发展管理研究的基础上，建立了石家庄地区水资源开发利用与经济发展协调管理模型；马斌、解建仓等在水资源调度管理一般模型基础上，提出了地区水资源管理的可视化模型，并对西安市水资源进行管理。

自 20 世纪 90 年代以来，我国对一些大型流域水资源进行了规划，如 1991 ~ 1993 年，在联合国开发计划署资助下，由华北水资源研究中心主持并组织近 10 个单位开展华北地区宏观经济水规划模型研究，建立了京津唐地区宏观经济水规划。1990 ~ 1993 年，黄河水利委员会利用世界银行贷款研制黄河流域水资源经济模型，供决策机构对黄河水资源利用规划方案及水分配政策作科学的选择，1998 年又进行了黄河流域水资源合理分配和优化调度研究。1999 年，由中国水利水电科学研究院等几家单位联合完成了宁夏水资源优化配置与可持续利用战略研究，为西北地区水资源合理开发利用提供决策依据。2000 年，王道席对黄河下游水资源的调度管理进行了研究。2005 年，水利部做出全国水资源综合规划进入水资源配置阶段的部署，工作的重点是流域水资源配置。2007 年，王浩等进行了全国水资源综合规划专题研究——流域及区域通用化水资源供需分析及配置模型分析系统，研究开发了一套可为流域和区域水资源配置以及水资源宏观管理提供分析研究手段的流域及区域通用化模型分析系统。

纵观国内外研究发展历程和成果可以看出，水资源的管理模型主要为水力、水质模型和经济管理模型，缺少的是水资源、环境、经济和社会等综合一体化的管理模型。针对目前水管理模型中的问题，冯尚友提出水资源持续利用系统规划的思想，他认为，要在满足区域经济社会发展用水的同时，维持和促进环境与发展的协调和持续这一指导思想；所规划的每个可行方案，都涉及国计民生、生态环境的诸多方面，因素众多，关系复杂，需通过技术、经济、环境和社会诸多准则（或目标）进行综合评价，才能从中选出满意方案，作为最优决策。但这种新型综合评价实践至今还未见到。

据以上综述可预测今后的发展趋势是贯彻可持续发展的原则，以获取最大经济效益，同时考虑水质和环境的水资源分配的多目标、多级优化的综合管理模型将是未来规划发展趋势，随机、动态、智能化的规划模型也是一个发展趋势。

1.3.4　大系统分解协调理论在水资源优化中的应用

大系统具有高维数、多目标、关联性、分散性，更复杂一些的具有随机性、模糊性、发展性和主观性（有人的参与）等特点，由于大系统的这些特点，使得于 20 世纪 70 年代发展起来的大系统递阶分析与多目标决策分析逐步融汇在一起，形成了大系统多目标递阶分析，是系统分析解决复杂问题的又一重要发展途径。

大系统递阶分析的分解协调技术是目前广泛使用的一种方法，对于复杂的、多层次的、高度非线性化的问题，采用分解协调算法无疑能使计算简洁，行之有效。首先将该方法应用到水资源系统的是Haimes，他的专著《水资源系统递阶分析》对大系统理论在水资源系统中的应用和发展起着重要作用；而后Hasson等都对大系统优化理论作出了贡献。国内有关的译著较多，应用也在逐渐发展。1990年，都金康等在Haimes提出的区域水资源供需协调模型的基础上，提出城市水资源供水、需水、污水处理三大系统分解协调模型。胡振鹏、冯尚友提出了一种"分解聚合"的方法对综合利用水库防洪与兴利矛盾的多目标进行风险分析。董增川、叶秉如对水电群进行了优化调度。1993年，刘健民等应用大系统递阶分析的原理和方法，针对京津唐地区水资源大系统供水规划和调度问题，建立了京津唐地区水资源大系统供水规划和调度优化三级递阶模型和三层递阶模拟模型。1995年，白宪台等对欧阳海灌区建立了干渠优化配水的递阶模型，解决多种水源联合运用的时空优化分配问题。后来，解建仓等用大系统分解协调算法对黄河干流水库进行了联合调度；沈菊琴等运用大系统分解协调理论，将潘庄灌区分为两类，进行了水资源的宏观管理研究，解决了灌区在灌溉制度既定的前提下水资源的时空分布；卢华友、郭元裕等以义乌市水资源系统为研究对象，建立了大系统分解协调模型，合理解决了多水源、多用户、多保证率的问题。但以上模型在处理多目标问题过程中，大多是采用传统的多目标的解决办法，当目标较多、系统较为复杂时，解决起来就有一定的难度。

将陈守煜提出的多目标模糊优选理论和大系统分解协调理论结合起来，在解决复杂水资源优化问题时具有较为突出的优越性。陈守煜等在完成国家科学技术委员会地方性重大科研项目时，将总系统分解为经济、环境和水资源三个子系统，并与模糊集优选理论相结合，研究了大连市水资源综合利用与经济发展协调管理模式，应用建立的水资源与经济协调管理模型优选出大连市2000年、2010年的支柱产业和必要发展行业的规划战略。后又将大连市水资源、环境与经济发展视为一个相互关联的巨系统，运用系统模糊决策、模糊优选神经网络，结合专业知识的大系统递阶优化等理论、模型与方法，建立了大连水资源开发与经济发展的协调管理模式，研究和探索了大连水资源、环境和经济协调可持续发展问题。

1.3.5 灌溉方式选择的研究现状

几十年来，系统分析理论在地表水与地下水联合调度中的研究与应用已有了很大的进展，取得了不少有价值的成果，这些成果不仅在提高流域(或区域)经济效益和社会效益方面发挥了作用，而且在理论上也有不少创新。如计算模型由单一的优化模型发展为几种方法的组合模型，计算问题由单目标发展为多目标，特别是大系统优化理论的应用，使复杂的地表水与地下水联合调度问题变得较为简单，求解也较为方便。齐学斌等在分析概化商丘试验区农业水资源现状的基础上，采用大系统分析协调算法，建立了试区引黄水、地下水联合调度大系统递阶管理模型，并针对各子系统的特点，建立了相应的优化管理模型。沈佩君等用大系统分解协调模型进行多种水资源的联合优化调度。

基于系统分析的模型各有其使用范围和适用条件，动态规划模型在应用上常受到数学维数的限制，需借助其他方法来进行降维处理，非线性规划模型往往需转化为线性规划模型来进行处理,但线性模型在对实际系统的模拟上存在一定的误差。另外,随着研究问题的深入,常规数学规划方法的局限性也越来越明显,主要表现在以下两个方面:

(1)难以反映复杂系统的真实情况。由于现实系统包含的因素多,边界条件及因果关系复杂,有些指标可以量化,而有些指标是难以量化或者是不能量化的,在用数学规划方法进行研究时,肯定要作一些概化处理,不可避免地会导致计算结果同实际系统存在一定的误差。

(2)难以充分利用专家的丰富知识和经验。常规数学规划方法在建模和求解过程中,虽也有形或无形中利用了已有的知识和经验,但这种反映仅限于特定研究领域的特定情况,因而无法反映整个规划过程中决策者的主观偏好。

在灌溉季节,究竟采用何种灌溉方式,灌多少水合适,均隶属于模糊概念,在优与劣之间是一个渐变的过程,具有中介过渡阶段,适于用模糊理论进行研究。1991 年,黄冠华针对灌区规划与管理的线性规划中存在的若干模糊化问题,提出了应用模糊线性规划来解决此类问题,并给出了两个实例进行分析,结果表明,模糊线性规划是解决此类问题的有效方法,其模糊优化解对灌区的规划与管理具有一定的指导意义。1995 年,延耀兴等将系统工程中的限界搜索法运用到水资源系统多目标决策中,较好地解决了决策中的模糊决策问题。陈守煜提出的模糊集理论,不但能使多目标问题处理起来更为简单,而且能解决定量目标与定性目标统一调度问题,还能充分利用人的知识与经验,基于陈守煜的工程模糊集理论,周惠成采用模糊推理模式对水库与井群联合运行进行了研究,确定出灌溉季节井群出水量的定性描述。1994 年,陈守煜将模糊优选与模糊关系有机地结合起来,提出了多目标系统模糊关系优选决策理论,并对河南省人民胜利渠灌区进行了灌溉序贯决策的优选,为渠井结合灌区农业决策提供了一条新的途径,不足的是该模型在优选决策过程中,将目标权重确定为等权重,这与实际情况有所偏差。

1.3.6 灌水技术方案选择的研究现状

农田灌溉工程发挥作用的大小,很大程度上取决于灌水方式选择的是否得当。美国的 F. B. Haniltion 等在 1953 年就从灌溉系统造价、折旧、运行费及水的有效利用率等因素出发,对喷灌与自流灌溉方案进行了对比分析。后来又有不少学者对此问题进行了研究,但在 20 世纪 80 年代以前,未能将定性因素与定量因素结合起来考虑;80 年代以后,层次分析、模糊数学、系统分析等理论被引入灌水技术方案选择中。1990 年,G. J. Wilnes 等研制了用于中心支轴的决策支持系统软件包。1994 年,Inou Minfao 运用模糊层次分析法进行灌溉管理模式研究,考虑了不同决策群体的定性与定量指标。

我国自 20 世纪 80 年代开始从事这方面的研究,刘祖贵等对夏玉米沟灌、常规畦灌及减少生育期内灌水次数进行了试验研究,对灌水技术方案进行了选择,由于是从试验的角度进行优选,从而不具有广泛性和实用性。1994 年,刘维峰以节水高产为目标,应用层次分析法对不同节水灌溉技术方案从定量和定性两个方面进行优选,取得了一定的成绩。后来,罗金耀等在提出节水灌溉工程综合评价指标体系及结构模型的基础上,研究了节水灌溉工程模糊综合评价的理论和方法,优选出喷灌所用喷头及管网材料。2000 年,徐建新运用工程模糊集两级模糊优选理论进行了灌溉技术方案的优选,但在权重的确定上全部采用专家打分的办法，而在实际中，由于节水灌溉系统的复杂性，评判目标较多，涵盖内容过于广泛，专家评分就相当困难，各指标的权重难以准确给定。

1.3.7　农业干旱风险指标的研究现状

干旱指标是研究干旱的基础，在干旱分析中起着度量、对比和综合的重要作用。随着水资源的紧缺，国际上自20世纪60年代以来，许多学者从不同角度研究干旱机理，取得了一些成果，建立了干旱指标及其评价方法。

经济的迅速发展、人口增长及由此引起的以气候变暖为标志的全球变化的发生，表明干旱有进一步加重的趋势。我国对干旱问题的系统研究始于20世纪80年代中期以后，特别是对华北干旱问题的研究，近20余年国内学者开展了一系列干旱以及有关气候变化对全国和部分流域干旱问题影响的研究。这些包括依据中国旱灾的省级报刊库、历史旱涝库的数据，对全国尺度上的旱灾空间格局或者时间格局进行研究，提出了旱灾的时空格局特征（王静爱，2002；潘耀忠，1996；卢丽萍，2009）；采用干湿指数、Z指数等方法对我国华北干旱化趋势进行讨论，对华北干旱化的季节结构和周期性变化特点进行了研究（马柱国，2001；李庆祥，2002；王志伟等，2003）。

尽管关于干旱问题和干旱指标已有大量的研究，但由于指标的确定具有相应大的时空尺度，因此具体的干旱指标难以达到时空上的普遍适用，已有的干旱指标在一定程度上限制和影响了它的使用效果，因此有必要对目前主要的干旱指标加以分析和综合，构造能反映各种主要影响因素的综合性指标，为干旱的监测和评价提供方法与依据。

1.4　主要研究内容

综上所述，尽管水资源管理领域已取得了丰富的研究成果，但是，对于农业水资源的可持续利用问题来说，尚有大量的基础工作、理论研究、模型与方法、管理技术等课题亟待研究解决，特别是对区域农业水资源可持续利用管理的系统研究。

本书针对区域农业水资源可持续利用管理中的确定性作物非充分灌溉制度，作物种植结构及水、土资源分配，灌溉方式选择，灌水技术方案选择，随机降雨情况时作物非充分灌溉制度，区域农业可持续利用水资源优化管理综合模型，以及农业干旱风险等问题开展研究，内容安排如下。

第1章，阐述模糊集理论的发展历程及其在水文水资源系统中的研究与应用现状，在分析我国水资源及农业水资源供需现状的基础上，提出农业水资源可持续利用管理的研究内容，并对研究领域内的研究现状进行论述。针对区域农业水资源管理领域普遍存在的多目标性、模糊性与多维的特点，提出本书的研究内容。

第2章，基于陈守煜提出的多目标模糊优选动态规划理论，结合复杂水资源的多维特点，提出复杂水资源系统的多维多目标模糊优选动态规划方法，并根据所研究问题的性质给出该问题的两种求解办法，即多维多目标的决策序列相对优属度总和最大法和多维多目标阶段模糊优选动态规划方法。这两种解法具有普适性，其中多维多目标的决策序列相对优属度总和最大法适用于解决不涉及时间维的“静态”多阶段优化问题，而多维多目标模糊优选动态规划方法不仅适用于“静态”问题，而且适用于“动态”的任一阶段或任一层次的优化问题。

考虑到基于非充分灌溉理论的作物灌溉制度优化设计，现有的模型多以追求作物最终产量或净效益最大为目标，在计算过程中只给出了控制土壤含水率的上下限指标，由于在研究中多以凋萎点附近含水率作为控制灌溉的土壤含水率下限指标，正是由于这种约束的不合理性，导致优化的结果是在作物敏感性指数小的阶段，根系土壤的含水率趋近于凋萎系数，这虽最大限度地提高了灌溉水分生产效率，在理论上是合理的，但若将此结果用于农业生产，则伴随着较大的种植风险。为解决此问题，本次研究建立了考虑作物种植风险指标时，非充分灌溉制度的多目标优化模型。由于该模型是一个含有两个状态变量和一个决策变量的二维动态规划问题，适用于采用本章提出的多维多目标动态规划方法进行求解，实例证明了解法的可行性和模型的实用性。本章提出的多维多目标模糊优选动态规划方法拓展了模糊优选理论的应用范围。

第3章，在论述我国农业水资源现状与农业可持续发展关系的前提下，为解决灌区多作物间争水问题和合理种植面积问题，提出了与农业可持续水资源优化配置密切相关的作物种植结构的多目标模糊优化模型，并采用模糊定权的方法来确定指标权重，不但克服了以往方法中只注重经济效益，忽视社会效益和环境效益的不足，而且克服了模糊熵权模型目标函数中用线性评判指标来处理高度非线性多目标问题与确定权重的不足。应用实例表明，模型理论严谨，物理意义明晰，计算方法简洁，为区域农业可持续发展规划提供了较完善的多目标模糊优化理论、模型与方法。

第4章，为合理利用水资源，选择适宜的灌溉方式，使渠井灌区地表水、地下水联合调度决策与实际结合更紧密，本章在灌溉序贯多指标模糊关系优选决策理论的基础上，提出了考虑时段指标变权重的渠井灌区灌溉方式选择的多指标模糊关系优选方法，该方法中各指标的权重随时段发生变化，随着作物所处生长阶段的不同而采取不同的指标权重，因此优化的结果将与农业生产实际情况比较吻合。在确定时段权重时采用主、客观结合的方法，其中客观权重采用交叉迭代的方法确定，主观权重采用非结构性问题的二元对比法确定。本章为渠井灌区水资源的联合调度提供了较完善的决策方法。

第5章，基于多目标模糊优选动态规划理论和多维多目标模糊优选动态规划方法，结合复杂水资源系统决策的复杂性、多指标性以及水文过程的随机性和具有时序性的特点，将水文现象的模糊性与随机性相结合，既考虑到模糊的一面，又考虑到随机的一面，提出了多维随机模糊优选动态规划方法，并根据所研究问题的性质给出两种解法，即随机多维决策序列相对优属度总和最大法和随机多维多目标阶段模糊优选法。这两种解法不仅适用于“静态”问题，而且适用于“动态”的任一阶段或任一层次的动态优化问题，随机的引入使得系统决策更加符合工程的实际情况。

在对灌区作物进行水量优化分配过程中，由于降雨对作物生长影响较大，而实际生产中作物的灌溉其实是随机降雨条件下的灌溉，为此，本章建立了考虑随机降雨情况下，农作物非充分灌溉制度的设计模型，并将多维随机模糊优选方法应用于灌溉制度优化设计中，实例证明了解法的可行性和模型的实用性。本书提出的复杂水资源系统的随机多维多目标模糊优选动态规划方法进一步丰富和拓展了模糊优选理论的应用范围。

第6章,针对复杂大系统多层次、多因素、多指标的特点,在模糊模式识别理论的基础上,提出了适用于系统任一层次的多指标模糊模式识别方法。在各层的优选过程中,将优与劣之间分为多个评定级别以提高模型的识别能力。由于指标权重对方案相对优属度影响较大,其值却常常难以准确确定,为克服以往确定权重方法中的不足,本章采用主、客观相结合的方法来确定指标权重,其中客观权重采用目标相对重属度的方法来确定。

本章将多指标模糊模式识别方法应用于节水灌溉系统,对田间节水灌溉技术方案进行优选,以确定采用何种节水灌溉工程,实例证明了方法的可行性与实用性。本章为复杂大系统进行决策方案识别与优选提供了一种切实可行的方法,并为农业节水技术方案的选择提供了一种较为完善的方法。

第7章,将第2章至第6章的内容,结合有关科研项目,在典型灌区系统地进行了应用,结合分解协调理论,建立了区域农业水资源可持续利用的模糊集决策综合模型,该综合模型是一个三层的递阶结构,从该模型的第一层到第三层,分别采用第2章、第3章的模型与方法进行优化与协调,得到各作物具体的种植面积和分配水量,并用第5章的模型与方法对具体作物进行非充分灌溉制度的制定,从而实现对区域农业水资源的时空优化分配。本章初步构建了一个全面考虑社会、经济、环境协调发展的水资源分配框架体系,可为区域农业可持续利用水资源规划问题提供一种较系统的模糊优化理论、模型与方法。

第8章,基于黄河水资源管理缺乏微观研究及现有理论研究与实际调度系统的差距,针对黄河下游引黄灌区水量订单随意性大、水资源利用率低的问题,紧密结合当前调度管理制度,提出了黄河下游灌区水资源实时分配管理模型,模型包括考虑土壤墒情、雨水资源及天气情况影响的作物需水预测模型和灌区实时水量订单模型。书中基于模糊聚类理论提出了缺测资料地区不同天气情况对作物需水量影响的确定方法。结合典型灌区进行模型的应用,并开发了相应的水资源管理软件,根据来水情况给出用水建议,为引黄灌区水资源优化管理及实时调度提供决策参考,为提高引黄灌区水利用效率做出理论指导和建议。该模型可广泛用于黄河下游灌区的用水管理和调度。

第9章,结合北方农业干旱风险问题,建立干旱综合评价指标体系进行干旱的综合评价,为抗旱提供良好的决策依据。本章以濮阳渠村引黄灌区为例,建立了干旱评价综合指标体系,采用层次分析法(AHP)确定各指标的权重,然后采用模糊综合评判法对方案进行综合评价,得出最优方案。

第10章,概要总结全书的主要研究内容及取得的成果,并对有待进一步研究的问题进行展望。

第 2 章　多维多目标模糊优选动态规划方法及其在农业灌溉中的应用

2.1　水资源系统中多维多目标问题的解决方法

对于只涉及定量目标的复杂水资源系统，在单一水库优化调度中讨论的比较多，为实现水库的可持续发展与利用，邵东国讨论了水库的水量与水质统一调度的多个定量目标的水库调度问题，其中的兴利调度模型是一种多维多目标动态规划模型，采用的是将次要目标约束化的方法，通过该方法将多目标问题处理为单目标问题，最后采用离散微分动态规划法进行最优蓄水位过程的决策。

对于复杂的水资源系统来讲，用常规的动态规划不容易寻求到平衡解，另外，决策目标常常涉及大量的定性目标，如何对这些定性目标进行合理量度，直接关乎这类复杂的水资源系统的优化及调度问题的解决，为此，陈守煜提出了多目标模糊优选动态规划理论，既解决了复杂水资源系统的大量定性目标与定量目标的统一标度问题，又比较成功地解决了多目标优化问题。

在资源配置过程中，不只涉及多目标多阶段问题，还常常涉及多维多目标的多阶段问题，文献[162]在文献[19]工作的基础上，将陈守煜提出的决策序列相对优属度总和最大法推广到多维问题，解决不涉及时间维的“静态”多阶段优化问题，是将各维的相对优属度相加，目标函数为所有维下优属度之和，但其解法缺乏严格的数学依据，还有待商榷。为此，本书提出了具有严格数学理论依据的多维决策序列相对优属度总和最大法，以解决不涉及时间维的“静态”的多维多阶段优化问题；但在许多情况下，特别是涉及时间推移的“动态”问题，由于全部阶段全体方案所有决策任一目标特征值的最大、最小值无从知道，或是由于实际问题物理意义上的限制而不能采用统一的标准，此时就无法应用决策序列相对优属度总和最大法来进行求解。为全面地解决多维多目标动态规划问题，本章在陈守煜提出的决策序列相对优属度总和最大法和阶段模糊优选理论的基础上，提出多维多目标的决策序列相对优属度总和最大法和多维多目标模糊优选动态规划阶段优选法；其中，多维多目标的决策序列相对优属度总和最大法适用于解决不涉及时间维的“静态”多阶段优化问题，而多维多目标模糊优选动态规划阶段优选法不仅适用于“静态”问题，而且适用于“动态”的任一阶段或任一层次的优化问题。

针对现有作物灌溉制度中存在的问题，本章将多目标模糊优选理论与非充分灌溉理论相结合，建立了作物灌溉制度的多目标模糊优化模型，由于该模型是一个涉及时间维的二维多目标多阶段问题，适于用本章提出的多维多阶段模糊优选动态规划方法进行优化设计，并结合实际灌区给出了算例，最后对计算结果进行了分析。

2.2　多维多目标模糊优选动态规划方法

2.2.1　多维多目标的决策序列相对优属度总和最大法

设有 K 维 T 个阶段 m_1 个定量目标和 m_2 个定性目标的动态规划问题。设第 t 阶段的 n 个方案在第 k 维的 $m(m=m_1+m_2)$ 个目标特征值矩阵为 ${}_t\boldsymbol{x}_{ij}^k$，为消除目标特征值量纲和量级上的差别，需要进行规格化处理。对于 m_1 个定量目标，通常分为越大越优、越小越优和中间型三类，分别采用以下规格化公式进行相对优属度变换：

越大越优型
$$ {}_t r_{ij}^k = \frac{{}_t\boldsymbol{x}_{ij}^k}{\max\limits_{t,j,k} \boldsymbol{x}_{ij}^k} \tag{2-1}$$

越小越优型
$$ {}_t r_{ij}^k = \frac{\min\limits_{t,j,k} \boldsymbol{x}_{ij}^k}{{}_t\boldsymbol{x}_{ij}^k} \tag{2-2}$$

中间型
$$ {}_t r_{ij}^k = 1 - \frac{|{}_t\boldsymbol{x}_{ij}^k - x_i|}{\max\limits_{t,j,k} |{}_t\boldsymbol{x}_{ij}^k - x_i|} \tag{2-3}$$

其中，$t=1,2,\cdots,T;i=1,2,\cdots,m_1;j=1,2,\cdots,n;k=1,2,\cdots,K$。

式中：${}_t r_{ij}^k$为第 k 维阶段 t 指标 i 方案 j 的相对隶属度；$\max\limits_{t,j,k}\boldsymbol{x}_{ij}^k$、$\min\limits_{t,j,k}\boldsymbol{x}_{ij}^k$ 为 K 维全部阶段全体方案在所有状态下的第 i 个目标特征值的最大值、最小值；x_i 为所有状态下方案集目标的中间最优值。

$\max\limits_{t,j,k}\boldsymbol{x}_{ij}^k$、$\min\limits_{t,j,k}\boldsymbol{x}_{ij}^k$ 可通过式(2-4)、式(2-5)求出，即

$$\max_{t,j,k}\boldsymbol{x}_{ij}^k = (Mx_{i1} \vee Mx_{i2} \vee \cdots \vee Mx_{iT})^1 \vee \cdots \vee (Mx_{i1} \vee Mx_{i2} \vee \cdots \vee Mx_{iT})^K \tag{2-4}$$

$$\min_{t,j,k}\boldsymbol{x}_{ij}^k = (Mx_{i1} \wedge Mx_{i2} \wedge \cdots \wedge Mx_{iT})^1 \wedge \cdots \wedge (Mx_{i1} \wedge Mx_{i2} \wedge \cdots \wedge Mx_{iT})^K \tag{2-5}$$

其中：Mx_{it}为阶段 t 第 i 个目标的最大值；$\vee$ 为取大运算符号；$\wedge$ 为取小运算符号；$(Mx_{i1} \vee Mx_{i2} \vee \cdots \vee Mx_{iT})^k$ 为第 k 维第 $1,2,\cdots,T$ 阶段第 i 个越大越优定量指标的最大特征值；$(Mx_{i1} \wedge Mx_{i2} \wedge \cdots \wedge Mx_{iT})^k$ 为第 k 维第 $1,2,\cdots,T$ 阶段第 i 个越小越优定量指标的最小特征值。

对于 m_2 个定性目标，应用二元比较模糊决策分析法确定定性目标的方法来确定其相对隶属度${}_t r_{ij}^k$，$i=1,2,\cdots,m_2$；从而得到第 t 阶段全部目标的相对隶属度矩阵为

$$ {}_t\boldsymbol{R}^k = \begin{bmatrix} {}_t r_{11}^k & {}_t r_{12}^k & \cdots & {}_t r_{1n}^k \\ {}_t r_{21}^k & {}_t r_{22}^k & \cdots & {}_t r_{2n}^k \\ \vdots & \vdots & & \vdots \\ {}_t r_{m1}^k & {}_t r_{m2}^k & \cdots & {}_t r_{mn}^k \end{bmatrix} = ({}_t r_{ij}^k) \tag{2-6}$$

其中，$i=1,2,\cdots,m;m=m_1+m_2$。

设阶段 t 目标的权向量为${}_t\boldsymbol{w}'=({}_t w'_1,{}_t w'_2,\cdots,{}_t w'_m)$，且满足$\sum\limits_{i=1}^{m}{}_t w'_i=1$。当决策目标较少时，权向量的确定可以采用二元对比法进行；当目标较多时，可采用模糊交叉迭代与专

家意见相结合的主客观法进行确定。然后，应用两级模糊模式优选模型，即

$$ {}_tu_j^k = \left\{ 1 + \left\{ \frac{\sum_{i=1}^{m} [{}_tw_i(1 - {}_tr_{ij}^k)]^p}{\sum_{i=1}^{m} ({}_tw_i \cdot {}_tr_{ij}^k)^p} \right\}^{2/p} \right\}^{-1} \tag{2-7} $$

可以得到阶段 t 第 k 维的 n 个方案的相对优属度值为

$$ {}_t\boldsymbol{U}^k = ({}_tu_1^k, {}_tu_2^k, \cdots, {}_tu_n^k) \tag{2-8} $$

通过对方案相对优属度${}_t\boldsymbol{U}^k$ 的推求，就将多目标的多维问题转化为单个目标的多维问题，对于单目标多维问题可以采用运筹学中降维的方法，最终将多维问题降维为一维问题。崔振才在陈守煜提出的多目标模糊优化动态规划的理论基础上，在文献[162]中提出了多维多目标模糊动态规划模型，是将多维问题直接在各阶段求 K 维相对优属度的和，然后用动态规划法求各阶段优属度的和，最后用优属度之和最大的方法得到最优的决策，文中的目标函数为

$$ F = \max \sum_{t=1}^{T} \sum_{k=1}^{K} u[d_k(t)] \tag{2-9} $$

推求相对优属度只能实现将多目标问题转化为单目标问题的目的，而起不到降维的作用，运筹学中关于多维问题的处理方法，一般都是想办法将多维问题进行降维处理，如采用引入拉格朗日算子、网格法、逐次逼近法等，将多维问题处理成一维问题后再进行优化决策。文献[162]的这种处理方法缺乏较为严谨的理论依据，其解法还有待商榷。

对于确定性模型来讲，当采用动态规划的方法来寻求最优决策时，面临阶段的效益函数是阶段的起始状态 s_{t-1}、阶段的决策 d_t 的函数，即

$$ {}_tu_j^k = \varphi_t^k(s_{t-1}^k, d_t^k) \tag{2-10} $$

若某一初始状态给定，则其余留阶段的最优值是一个确定的值，此时模糊优化动态规划后向递推的基本方程为

$$ \varphi_t^*(s_{t-1}) = F.\underset{d_t}{opt}\{\varphi_t(s_{t-1}, d_t) \otimes \varphi_{t+1}^*(s_t)\} \quad (t < T) \tag{2-11} $$

$$ \varphi_T^*(s_{T-1}) = F.\underset{d_T}{opt}\{\varphi_T(s_{T-1}, d_T)\} \quad (t = T) \tag{2-12} $$

式中：$F.\underset{d_t}{opt}$为模糊优化决策 d_t；$\otimes$为目标合成算子，可据目标 i 的性质定义为相加（+）、相乘（×）、取大（∨）、取小（∧）等；$\varphi_t^*(s_{t-1})$为阶段 t 当初始状态是 s_{t-1}时，$t-1$ 阶段的余留阶段的最优的相对优属度值。

进行递推时，自 T 阶段开始，当已知 T 阶段终点状态 s_T 时，可求得在不同的初始状态 s_{T-1}下，第 T 阶段的决策相对优属度的最大值为

$$ \varphi_T^*(s_{T-1}) = F.\underset{d_T}{opt}\{\varphi_T(s_{T-1}, d_T)\} \tag{2-13} $$

当 T 阶段终点状态 s_T 未知时，可根据终点状态 s_T 的边界条件求得任一终点状态 s_T 在不同的初始状态 s_{T-1}下，第 T 阶段的决策相对优属度的最大值为

$$ \varphi_T^*(s_{T-1}) = F.\underset{d_T}{opt}\{\varphi_T(s_{T-1}, d_T)\} \tag{2-14} $$

并将 $\varphi_T^*(s_{T-1})$作为第 $T-1$ 阶段的余留阶段的最优值，进行第 $T-1$ 阶段的后向递推计算，得

$$\varphi_{T-1}^{*}(s_{T-2}) = F.\underset{d_{T-1}}{opt}\{\varphi_{T-1}(s_{T-2},d_{T-1}) + \varphi_{T}^{*}(s_{T-1})\} \tag{2-15}$$

对阶段 $T-1$ 的所有可能初始状态都进行式(2-15)的递推计算,最终得到阶段 $T-2$ 的与阶段 $T-1$ 的初始状态 s_{T-1}、决策 d_{T-1} 相对应的余留阶段的最优相对优属度值 $\varphi_{T-1}^{*}(s_{T-2})$。

依次逆序递推计算直至第 1 阶段,可得

$$\varphi_{1}^{*}(s_0) = F.\underset{d_1}{opt}\{\varphi_1(s_0,d_1) + \varphi_2^{*}(s_1)\} \tag{2-16}$$

根据模糊集中关于隶属度最大原则,代入给定的多维多目标问题的初始条件进行计算,由最大的相对优属值可解得第 1 阶段的最优决策 $d_1{}^{*}$,根据状态转移关系,即

$${}_{t}u_{j}^{k} = \varphi_{t}^{k}(s_{t-1}^{k},d_{t}^{k}) \tag{2-17}$$

可以求得第 2 阶段的最优决策 d_2^{*},依次顺序向后面各阶段回代,即可求得多维多目标系统各个阶段的最优决策序列为

$$D^{*} = \{d_1^{*},d_2^{*},\cdots,d_T^{*}\} \tag{2-18}$$

当采用前向递推,逆向寻优时,基本的解法与后向递推相同,只是递推是自阶段 1 向阶段 T 进行,寻优时自阶段 T 向阶段 1 后向寻优。由于递推的方向不同,此时的递推方程则为

$$\varphi_{t}^{*}(s_{t-1}) = F.\underset{d_t}{opt}\{\varphi_t(s_{t-1},d_t) \otimes \varphi_{t-1}^{*}(s_{t-2})\} \quad (t > 1) \tag{2-19}$$

$$\varphi_{1}^{*}(s_0) = F.\underset{d_1}{opt}\{\varphi_1(s_0,d_1)\} \quad (t = 1) \tag{2-20}$$

多维多目标决策序列相对优属度总和最大法这种方法计算较为简便,适用于所有阶段所有 K 维所有 m_1 个定量指标的最大、最小和中间最优目标特征值已知的情况,是下面的阶段模糊优化的一种特例。

2.2.2　多维多目标阶段模糊优选动态规划法

由于"动态"的多维多阶段优化问题与递推阶段直接相关,在整个优化过程中没有或者无法预知全过程统一的目标特征值的最大值$\max\limits_{t,j,k}\boldsymbol{x}_{ij}^{k}$、最小值$\min\limits_{t,j,k}\boldsymbol{x}_{ij}^{k}$,故无法求出第 k 维第 t 阶段方案 j 作决策${}_{t}d_{j}^{k}$ 时,目标 i 的相对优属度。对于这种情况,本章提出采用多目标阶段模糊优选与多维动态规划相结合的方法求解:可以先将多维问题降维,如引入拉格朗日算子、逐次逼近等,然后采用阶段模糊优选理论进行求解;也可以采用疏密网格法,以指标相对优属度最大作为目标进行求解。

由于该方法较为麻烦,涉及的变量较多,为使表述清楚,以二维问题为例进行研究。设一多维模糊优选模型在任一阶段 t,具有两个状态变量${}_{t-1}s_1$、${}_{t-1}s_2$,对应有两个决策变量${}_{t}d_{j}^{1}$、${}_{t}d_{j}^{2}$,有 m 个目标且目标权重为 $\boldsymbol{w}=(w_1,w_2,\cdots,w_m)$,满足$\sum\limits_{i=1}^{m}w_i=1$,欲寻求最优决策序列 $D_1^{*}={}_{t}^{*}d_{j}^{1}$ 和 $D_2^{*}={}_{t}^{*}d_{j}^{2}$。当采用阶段模糊优选与动态规划的逐次逼近(DPSA 法)相结合的方法时,求解该模型的具体步骤如下。

第一步,将满足约束条件的 $\boldsymbol{S}_2^0=({}_{0}s_2^0,{}_{1}s_2^0,\cdots,{}_{T}s_2^0)=({}_{t-1}S_2^0)$ 固定下来,作为已知的虚拟轨迹,则对于任一阶段 t,原问题就变为仅有一个决策变量 $D_1={}_{t}d_{j}^{1}$ 和一个状态变量 $S_1=({}_{t-1}s_{1,j})$ 的多目标问题。其中,$t=1,2,\cdots,T;j=1,2,\cdots,n_t,n_t$ 为初始状态为${}_{t-1}s_{1,k}$时

的决策数，也是终了状态数。此时，采用阶段模糊优选的方法进行求解。

采用后向递推时，设目标 i 面临阶段 t，当初始状态为 ${}_{t-1}s_{1,k}$，与其对应的决策为 ${}_t d_j^1$ 时，形成面临阶段 t 多目标特征值矩阵为

$$
{}_t\boldsymbol{F}({}_{t-1}s_{1,k})_{m\times n_t} = \begin{bmatrix} {}_t f_{11}({}_{t-1}s_{1,k}) & {}_t f_{12}({}_{t-1}s_{1,k}) & \cdots & {}_t f_{1n_t}({}_{t-1}s_{1,k}) \\ {}_t f_{21}({}_{t-1}s_{1,k}) & {}_t f_{22}({}_{t-1}s_{1,k}) & \cdots & {}_t f_{2n_t}({}_{t-1}s_{1,k}) \\ \vdots & \vdots & & \vdots \\ {}_t f_{m1}({}_{t-1}s_{1,k}) & {}_t f_{m2}({}_{t-1}s_{1,k}) & \cdots & {}_t f_{mn_t}({}_{t-1}s_{1,k}) \end{bmatrix} = ({}_t f_{ij}(s_{t-1,k})) \tag{2-21}
$$

${}_t\boldsymbol{F}({}_{t-1}s_{1,k})_{m\times n_t}$ 与后向阶段局部最优多目标特征值矩阵 ${}_{t+1}^{\ *}\boldsymbol{X}({}_t s_{1,k})_{m\times n_t}$ 在同一决策相应状态下的对应合成矩阵为多目标后向递推矩阵，即

$$
\begin{aligned}
{}_t\boldsymbol{X}({}_{t-1}s_{1,k})_{m\times n_t} &= \begin{bmatrix} {}_t f_{11}({}_{t-1}s_{1,k}) & {}_t f_{12}({}_{t-1}s_{1,k}) & \cdots & {}_t f_{1n_t}({}_{t-1}s_{1,k}) \\ {}_t f_{21}({}_{t-1}s_{1,k}) & {}_t f_{22}({}_{t-1}s_{1,k}) & \cdots & {}_t f_{2n_t}({}_{t-1}s_{1,k}) \\ \vdots & \vdots & & \vdots \\ {}_t f_{m1}({}_{t-1}s_{1,k}) & {}_t f_{m2}({}_{t-1}s_{1,k}) & \cdots & {}_t f_{mn_t}({}_{t-1}s_{1,k}) \end{bmatrix} \otimes \\
&\quad \begin{bmatrix} {}_{t+1}^{\ *}x_{11}({}_t s_{1,1}) & {}_{t+1}^{\ *}x_{12}({}_t s_{1,2}) & \cdots & {}_{t+1}^{\ *}x_{1n_t}({}_t s_{1,n_t}) \\ {}_{t+1}^{\ *}x_{21}({}_t s_{1,1}) & {}_{t+1}^{\ *}x_{22}({}_t s_{1,2}) & \cdots & {}_{t+1}^{\ *}x_{2n_t}({}_t s_{1,n_t}) \\ \vdots & \vdots & & \vdots \\ {}_{t+1}^{\ *}x_{m1}({}_t s_{1,1}) & {}_{t+1}^{\ *}x_{m2}({}_t s_{1,2}) & \cdots & {}_{t+1}^{\ *}x_{mn_t}({}_t s_{1,n_t}) \end{bmatrix} \\
&= \begin{bmatrix} {}_t x_{11}({}_{t-1}s_{1,k}) & {}_t x_{12}({}_{t-1}s_{1,k}) & \cdots & {}_t x_{1n_t}({}_{t-1}s_{1,k}) \\ {}_t x_{21}({}_{t-1}s_{1,k}) & {}_t x_{22}({}_{t-1}s_{1,k}) & \cdots & {}_t x_{2n_t}({}_{t-1}s_{1,k}) \\ \vdots & \vdots & & \vdots \\ {}_t x_{m1}({}_{t-1}s_{1,k}) & {}_t x_{m2}({}_{t-1}s_{1,k}) & \cdots & {}_t x_{mn_t}({}_{t-1}s_{1,k}) \end{bmatrix} \\
&= ({}_t x_{ij}({}_{t-1}s_{1,k}))
\end{aligned} \tag{2-22}
$$

式中的 $\otimes$ 为目标合成算子，此时的状态转移关系为：${}_t s_{1,j} = \psi_t({}_{t-1}s_{1,k}, {}_t d_j^1)$ 表示在初始状态 ${}_{t-1}s_{1,k}$ 一定的条件下，所作出的 n_t 个决策（${}_t d_1^1, {}_t d_2^1, \cdots, {}_t d_{n_t}^1$），由状态转移关系，相应地有阶段 t 的 n_t 个终了状态（${}_t s_{1,1}, {}_t s_{1,2}, \cdots, {}_t s_{1,n_t}$），每一终了状态对应着 t 以后阶段的一个最优多目标特征值向量为

$$
{}_{t+1}^{\ *}\boldsymbol{X}_j({}_t s_{1,j}) = [{}_{t+1}^{\ *}x_j({}_t s_{1,j}), {}_{t+1}^{\ *}x_j({}_t s_{2,j}), \cdots, {}_{t+1}^{\ *}x_j({}_t s_{m,j})] \tag{2-23}
$$

n_t 个终了状态所对应的 n_t 个最优多目标特征值向量，形成了后向阶段局部最优多目标特征值矩阵 ${}_{t+1}^{\ *}\boldsymbol{X}({}_t s_{1,k})_{m\times n_t}$。

为进行后向递推，需将多目标后向递推矩阵（2-22）进行规格化。当指标为定量指标时，应用目标相对优属度公式为

$$
{}_t r_{ij}({}_{t-1}s_{1,k}) = \frac{{}_t x_{ij}({}_{t-1}s_{1,k})}{\max\limits_j {}_t x_{ij}({}_{t-1}s_{1,k})} \tag{2-24}
$$

$$ {}_tr_{ij}({}_{t-1}s_{1,k}) = \frac{\min\limits_j {}_tx_{ij}({}_{t-1}s_{1,k})}{{}_tx_{ij}({}_{t-1}s_{1,k})} \tag{2-25} $$

分别对越大越优、越小越优目标进行规格化，此时$\max\limits_j {}_tx_{ij}({}_{t-1}s_{1,k})$和$\min\limits_j {}_tx_{ij}({}_{t-1}s_{1,k})$分别为阶段 t 所有状态下，全体方案目标 i 的最大特征值和最小特征值。

对于定性指标，应用定性指标确定优属度的方法，确定决策为${}_td_j^1$ 时，目标对优越性的相对优属度为${}_tr_{ij}({}_{t-1}s_{1,k})$。

用以上方法将后向递推矩阵${}_t\boldsymbol{X}({}_{t-1}s_{1,k})_{m\times n_t}$转换为目标相对优属度矩阵，即

$$ {}_t\boldsymbol{R}({}_{t-1}s_{1,k})_{m\times n_t} = \begin{bmatrix} {}_tr_{11}({}_{t-1}s_{1,k}) & {}_tr_{12}({}_{t-1}s_{1,k}) & \cdots & {}_tr_{1n_t}({}_{t-1}s_{1,k}) \\ {}_tr_{21}({}_{t-1}s_{1,k}) & {}_tr_{22}({}_{t-1}s_{1,k}) & \cdots & {}_tr_{2n_t}({}_{t-1}s_{1,k}) \\ \vdots & \vdots & & \vdots \\ {}_tr_{m1}({}_{t-1}s_{1,k}) & {}_tr_{m2}({}_{t-1}s_{1,k}) & \cdots & {}_tr_{mn_t}({}_{t-1}s_{1,k}) \end{bmatrix} = ({}_tr_{ij}({}_{t-1}s_{1,k})) \tag{2-26} $$

应用两级模糊优选模型，得阶段 t 方案 j 决策为${}_td_j^{\,1}$ 时，阶段多目标相对优属度为

$$ {}_tU_j({}_{t-1}s_{1,k}) = \frac{1}{1+\left\{\dfrac{\sum\limits_{i=1}^{m}[{}_tw_i(1-{}_tr_{ij}({}_{t-1}s_{1,k}))]^p}{\sum\limits_{i=1}^{m}[{}_tw_i\cdot{}_tr_{ij}({}_{t-1}s_{1,k})]^p}\right\}^{2/p}} \tag{2-27} $$

根据最大隶属原则，按 $\max\{{}_tU_j({}_{t-1}s_{1,k})\}$ 可得阶段 t 初始状态为${}_{t-1}s_{1,k}$时的一个局部最优多目标特征值向量为

$$ {}_t^*\boldsymbol{x}_j({}_{t-1}s_{1,k}) = ({}_t^*x_{1j}({}_{t-1}s_{1,k}),{}_t^*x_{2j}({}_{t-1}s_{1,k}),\cdots,{}_t^*x_{mj}({}_{t-1}s_{1,k})) \tag{2-28} $$

对所有的初始状态都进行类似计算，得阶段 $t-1$ 的后向阶段局部最优多目标矩阵为

$$ {}_t^*\boldsymbol{X}_j({}_{t-1}s_{1,k})_{m\times n_{t-1}} = \begin{bmatrix} {}_t^*x_{11}({}_{t-1}s_{1,1}) & {}_t^*x_{12}({}_{t-1}s_{1,2}) & \cdots & {}_t^*x_{1n_{t-1}}({}_{t-1}s_{1,n_{t-1}}) \\ {}_t^*x_{21}({}_{t-1}s_{1,1}) & {}_t^*x_{22}({}_{t-1}s_{1,2}) & \cdots & {}_t^*x_{2n_{t-1}}({}_{t-1}s_{1,n_{t-1}}) \\ \vdots & \vdots & & \vdots \\ {}_t^*x_{m1}({}_{t-1}s_{1,1}) & {}_t^*x_{m2}({}_{t-1}s_{1,2}) & \cdots & {}_t^*x_{mn_{t-1}}({}_{t-1}s_{1,n_{t-1}}) \end{bmatrix} = ({}_t^*x_{ik}({}_{t-1}s_{1,k})) = ({}_t^*x_{ij}({}_{t-1}s_{1,j})) \tag{2-29} $$

其中，$i=1,2,\cdots,m;k=1,2,\cdots,n_{t-1}$。

比较矩阵${}_t^*\boldsymbol{X}({}_{t-1}s_{1,j})_{m\times n_{t-1}}$与${}_{t+1}^*\boldsymbol{X}({}_ts_{1,j})_{m\times n_t}$可知，${}_t^*\boldsymbol{X}({}_{t-1}s_{1,j})_{m\times n_{t-1}}$为阶段 $t-1$ 的后向阶段局部最优多目标特征值合成矩阵，可由后向递推矩阵用两级模糊优选模型求解，即

$$ {}_t^*\boldsymbol{X}({}_{t-1}s_{1,j})_{m\times n_{t-1}} = \underset{j=1,2,\cdots,n_{t-1}}{F.\,opt}\{{}_t\boldsymbol{F}({}_{t-1}s_{1,j})_{m\times n_t}\otimes{}_{t+1}^*\boldsymbol{X}({}_ts_{1,j})_{m\times n_t}\} \tag{2-30} $$

整个后向递推求解过程可归纳如下：

从最末阶段 $t=T$ 开始求解。当 $t=T$ 时无后向阶段，由式(2-22)得到阶段 T 初始状态为${}_{T-1}s_{1,k}$，作出的 n_T 个决策${}_Td_j^1$，在同一决策${}_Td_j^1$ 相对应的终了状态${}_Ts_{1,j}$下的多目标后向递推矩阵为

$$
{}_T\boldsymbol{X}({}_{T-1}s_{1,k})_{m\times n_T}=\begin{bmatrix} {}_Tf_{11}({}_{T-1}s_{1,k}) & {}_Tf_{12}({}_{T-1}s_{1,k}) & \cdots & {}_Tf_{1n_T}({}_{T-1}s_{1,k}) \\ {}_Tf_{21}({}_{T-1}s_{1,k}) & {}_Tf_{22}({}_{T-1}s_{1,k}) & \cdots & {}_Tf_{2n_T}({}_{T-1}s_{1,k}) \\ \vdots & \vdots & & \vdots \\ {}_Tf_{m1}({}_{T-1}s_{1,k}) & {}_Tf_{m2}({}_{T-1}s_{1,k}) & \cdots & {}_Tf_{mn_T}({}_{T-1}s_{1,k}) \end{bmatrix}
$$

$$
=\begin{bmatrix} {}_Tx_{11}({}_{T-1}s_{1,k}) & {}_Tx_{12}({}_{T-1}s_{1,k}) & \cdots & {}_Tx_{1n_T}({}_{T-1}s_{1,k}) \\ {}_Tx_{21}({}_{T-1}s_{1,k}) & {}_Tx_{22}({}_{T-1}s_{1,k}) & \cdots & {}_Tx_{2n_T}({}_{T-1}s_{1,k}) \\ \vdots & \vdots & & \vdots \\ {}_Tx_{m1}({}_{T-1}s_{1,k}) & {}_Tx_{m2}({}_{T-1}s_{1,k}) & \cdots & {}_Tx_{mn_T}({}_{T-1}s_{1,k}) \end{bmatrix}
$$

$$
=({}_Tx_{ij}({}_{T-1}s_{1,k})) \tag{2-31}
$$

如果阶段 T 只有一种终了状态，此时每一种初始状态${}_{T-1}s_{1,k}$仅有一个决策${}_Td_j^1$。在此情况下，阶段 T 不必进行优选，此唯一决策所对应的多目标特征值向量${}_T\boldsymbol{f}_j({}_{T-1}s_{1,k})=({}_Tf_{11}({}_{T-1}s_{1,k}),{}_Tf_{21}({}_{T-1}s_{1,k}),\cdots,{}_Tf_{m1}({}_{T-1}s_{1,k}))$为局部最优多目标特征值向量，即${}_T^*\boldsymbol{x}_j({}_{T-1}s_{1,k})={}_T\boldsymbol{f}_j({}_{T-1}s_{1,k})$，对 n_{T-1}种初始状态${}_{T-1}s_{1,k}$可组成阶段 $T-1$ 的后向阶段局部最优多目标特征值合成矩阵为

$$
{}_T^*\boldsymbol{X}({}_{T-1}s_{1,k})_{m\times n_{T-1}}=\begin{bmatrix} {}_T^*x_{11}({}_{T-1}s_{1,1}) & {}_T^*x_{12}({}_{T-1}s_{1,2}) & \cdots & {}_T^*x_{1n_{T-1}}({}_{T-1}s_{1,n_{T-1}}) \\ {}_T^*x_{21}({}_{T-1}s_{1,1}) & {}_T^*x_{22}({}_{T-1}s_{1,2}) & \cdots & {}_T^*x_{2n_{T-1}}({}_{T-1}s_{1,n_{T-1}}) \\ \vdots & \vdots & & \vdots \\ {}_T^*x_{m1}({}_{T-1}s_{1,1}) & {}_T^*x_{m2}({}_{T-1}s_{1,2}) & \cdots & {}_T^*x_{mn_{T-1}}({}_{T-1}s_{1,n_{T-1}}) \end{bmatrix}
$$

$$
=({}_T^*x_{ik}({}_{T-1}s_{1,k}))=({}_T^*x_{ij}({}_{T-1}s_{1,j})) \tag{2-32}
$$

如果阶段 T 有 n_T 种终了状态，此时每一种初始状态${}_{T-1}s_{1,k}$都有 n_T 个决策${}_Td_j^1$，则对每一种初始状态${}_{T-1}s_{1,k}$组成多目标特征值矩阵为

$$
{}_T\boldsymbol{F}({}_{T-1}s_{1,k})_{m\times n_T}=\begin{bmatrix} {}_Tf_{11}({}_{T-1}s_{1,k}) & {}_Tf_{12}({}_{T-1}s_{1,k}) & \cdots & {}_Tf_{1n_T}({}_{T-1}s_{1,k}) \\ {}_Tf_{21}({}_{T-1}s_{1,k}) & {}_Tf_{22}({}_{T-1}s_{1,k}) & \cdots & {}_Tf_{2n_T}({}_{T-1}s_{1,k}) \\ \vdots & \vdots & & \vdots \\ {}_Tf_{m1}({}_{T-1}s_{1,k}) & {}_Tf_{m2}({}_{T-1}s_{1,k}) & \cdots & {}_Tf_{mn_T}({}_{T-1}s_{1,k}) \end{bmatrix}
$$

$$
=({}_Tf_{ij}({}_{T-1}s_{1,k})) \tag{2-33}
$$

用式(2-24)、式(2-25)将该矩阵变为多目标相对优属度矩阵，用两级模糊优选模型式(2-27)确定局部最优多目标特征值向量，并将该计算过程记为 $F.opt\{{}_T\boldsymbol{F}({}_{T-1}s_{1,k})\}$。对 n_{T-1}种初始状态${}_{T-1}s_{1,k}$都进行上述解算，可得阶段 $T-1$ 后向阶段局部最优多目标特征值合成矩阵${}_T^*\boldsymbol{X}({}_{T-1}s_{1,j})_{m\times n_{T-1}}$。

对于 $t=T-1$，其初始状态为$({}_{T-2}s_{1,k})$，$k=1,2,\cdots,n_{T-2}$，作出 n_{T-1} 个决策${}_{T-1}d_j^1$，$j=1,2,\cdots,n_{T-1}$，在同一决策${}_{T-1}d_j^1$ 相对应的终了状态${}_{T-1}s_{1,j}$下的多目标后向递推矩阵为${}_{T-1}\boldsymbol{X}({}_{T-2}s_{1,k})_{m\times n_{T-1}}$，其表达式为

$$
{}_{T-1}\boldsymbol{X}({}_{T-2}s_{1,k})_{m\times n_{T-1}} = \begin{bmatrix} {}_{T-1}f_{11}({}_{T-2}s_{1,k}) & {}_{T-1}f_{12}({}_{T-2}s_{1,k}) & \cdots & {}_{T-1}f_{1n_{T-1}}({}_{T-2}s_{1,k}) \\ {}_{T-1}f_{21}({}_{T-2}s_{1,k}) & {}_{T-1}f_{22}({}_{T-2}s_{1,k}) & \cdots & {}_{T-1}f_{2n_{T-1}}({}_{T-2}s_{1,k}) \\ \vdots & \vdots & & \vdots \\ {}_{T-1}f_{m1}({}_{T-2}s_{1,k}) & {}_{T-1}f_{m2}({}_{T-2}s_{1,k}) & \cdots & {}_{T-1}f_{mn_{T-1}}({}_{T-2}s_{1,k}) \end{bmatrix} \otimes
$$

$$
\begin{bmatrix} {}_{T}^{*}x_{11}({}_{T-1}s_{1,1}) & {}_{T}^{*}x_{12}({}_{T-1}s_{1,2}) & \cdots & {}_{T}^{*}x_{1n_{T-1}}({}_{T-1}s_{1,n_{T-1}}) \\ {}_{T}^{*}x_{21}({}_{T-1}s_{1,1}) & {}_{T}^{*}x_{22}({}_{T-1}s_{1,2}) & \cdots & {}_{T}^{*}x_{2n_{T-1}}({}_{T-1}s_{1,n_{T-1}}) \\ \vdots & \vdots & & \vdots \\ {}_{T}^{*}x_{m1}({}_{T-1}s_{1,1}) & {}_{T}^{*}x_{m2}({}_{T-1}s_{1,2}) & \cdots & {}_{T}^{*}x_{mn_{T-1}}({}_{T-1}s_{1,n_{T-1}}) \end{bmatrix}
$$

$$
= \begin{bmatrix} {}_{T-1}x_{11}({}_{T-2}s_{1,k}) & {}_{T-1}x_{12}({}_{T-2}s_{1,k}) & \cdots & {}_{T-1}x_{1n_{T-1}}({}_{T-2}s_{1,k}) \\ {}_{T-1}x_{21}({}_{T-2}s_{1,k}) & {}_{T-1}x_{22}({}_{T-2}s_{1,k}) & \cdots & {}_{T-1}x_{2n_{T-1}}({}_{T-2}s_{1,k}) \\ \vdots & \vdots & & \vdots \\ {}_{T-1}x_{m1}({}_{T-2}s_{1,k}) & {}_{T-1}x_{m2}({}_{T-2}s_{1,k}) & \cdots & {}_{T-1}x_{mn_{T-1}}({}_{T-2}s_{1,k}) \end{bmatrix}
$$

$$
= ({}_{T-1}x_{ij}({}_{T-2}s_{1,k})) \tag{2-34}
$$

将该矩阵变换为相对优属度矩阵并进行 $F.opt$ 运算，确定局部最优多目标特征值向量。对 n_{T-2} 种初始状态（${}_{T-2}s_{1,k}$）都进行类似解算，得到阶段 $T-1$ 后向阶段局部最优多目标特征值合成矩阵${}_{T-1}^{*}\boldsymbol{X}({}_{T-2}s_{1,k})_{m\times n_{T-1}}$。

如此后向递推直至第 1 阶段，根据多目标后向递推矩阵${}_{t}\boldsymbol{X}({}_{t-1}s_{1,k})_{m\times n_t}$，则有

$$
{}_{1}\boldsymbol{X}({}_{0}s_{1,k})_{m\times n_1} = \begin{bmatrix} {}_{1}f_{11}({}_{0}s_{1,k}) & {}_{1}f_{12}({}_{0}s_{1,k}) & \cdots & {}_{1}f_{1n_1}({}_{0}s_{1,k}) \\ {}_{1}f_{21}({}_{0}s_{1,k}) & {}_{1}f_{22}({}_{0}s_{1,k}) & \cdots & {}_{1}f_{2n_1}({}_{0}s_{1,k}) \\ \vdots & \vdots & & \vdots \\ {}_{1}f_{m1}({}_{0}s_{1,k}) & {}_{1}f_{m2}({}_{0}s_{1,k}) & \cdots & {}_{1}f_{mn_1}({}_{0}s_{1,k}) \end{bmatrix} \otimes
$$

$$
\begin{bmatrix} {}_{2}^{*}x_{11}({}_{1}s_{1,1}) & {}_{2}^{*}x_{12}({}_{1}s_{1,2}) & \cdots & {}_{2}^{*}x_{1n_1}({}_{1}s_{1,n_1}) \\ {}_{2}^{*}x_{21}({}_{1}s_{1,1}) & {}_{2}^{*}x_{22}({}_{1}s_{1,2}) & \cdots & {}_{2}^{*}x_{2n_1}({}_{1}s_{1,n_1}) \\ \vdots & \vdots & & \vdots \\ {}_{2}^{*}x_{m1}({}_{1}s_{1,1}) & {}_{2}^{*}x_{m2}({}_{1}s_{1,2}) & \cdots & {}_{2}^{*}x_{mn_1}({}_{1}s_{1,n_1}) \end{bmatrix}
$$

$$
= ({}_{1}x_{ij}({}_{0}s_{1,k})) \tag{2-35}
$$

其中，$i=1,2,\cdots,m;j=1,2,\cdots,n_1$。

根据第 1 阶段已知的初始状态${}_{0}s_1$，对矩阵${}_{1}\boldsymbol{X}({}_{0}s_{1,k})$进行 $F.opt$ 运算，确定第 1 阶段的最优决策与最优多目标合成值向量 $\boldsymbol{F}_1^*$。按后向递推的状态转移关系，由各阶段对应的局部最优多目标合成值向量，顺序求解最优策略 $D_1^* = \{{}_{1}d_1^*,{}_{2}d_1^*,\cdots,{}_{T}d_1^*\}$ 和最优状态系列$S_1^* = \{{}_{0}s_1^*,{}_{1}s_1^*,\cdots,{}_{T}s_1^*\}$。

第二步，固定第一步优化结果 $\boldsymbol{F}_1^*$ 及最优状态系列 S_1^* 和最优决策系列 D_1^*，再以 $S_2=({}_{t-1}s_{2,j})(j=1,2,\cdots,n_t)$ 作为状态变量，$D_2={}_{t}d_j^2$ 作为决策变量，运用第一步的方法进行优化求解，此时目标相对优属度矩阵为

$$
{}_t\boldsymbol{R}({}_{t-1}s_{2,k})_{m\times n_t} = \begin{bmatrix} {}_tr_{11}({}_{t-1}s_{2,k}) & {}_tr_{12}({}_{t-1}s_{2,k}) & \cdots & {}_tr_{1n_t}({}_{t-1}s_{2,k}) \\ {}_tr_{21}({}_{t-1}s_{2,k}) & {}_tr_{22}({}_{t-1}s_{2,k}) & \cdots & {}_tr_{2n_t}({}_{t-1}s_{2,k}) \\ \vdots & \vdots & & \vdots \\ {}_tr_{m1}({}_{t-1}s_{2,k}) & {}_tr_{m2}({}_{t-1}s_{2,k}) & \cdots & {}_tr_{mn_t}({}_{t-1}s_{2,k}) \end{bmatrix} = ({}_tr_{ij}({}_{t-1}s_{2,k})) \tag{2-36}
$$

采用式(2-27)进行阶段多目标相对优属度计算，此时式中${}_tr_{ij}({}_{t-1}s_{1,k})$变为${}_tr_{ij}({}_{t-1}s_{2,k})$。根据最大隶属原则，采用第一步的后向递推求解法，求解过程简记为

$$
\begin{aligned} {}_t^*\boldsymbol{X}({}_{t-1}s_{2,k})_{m\times n_t} &= \underset{k=1,2,\cdots,n_t}{F.\,opt}\{{}_t\boldsymbol{X}({}_{t-1}s_{2,k})_{m\times n_t}\} \\ &= \underset{k=1,2,\cdots,n_t}{F.\,opt}\{{}_t\boldsymbol{F}({}_{t-1}s_{2,k})_{m\times n_t} \otimes {}_{t+1}^{\;*}\boldsymbol{X}({}_ts_{2,k})_{m\times n_t}\} \end{aligned} \tag{2-37}
$$

自第 T 阶段，此时有

$$
F.\,opt\{{}_T\boldsymbol{X}({}_{T-1}s_{2,k})_{m\times n_t}\} = {}_T^*\boldsymbol{X}({}_{T-1}s_{2,k})_{m\times n_{T-1}} \tag{2-38}
$$

对其余阶段用式(2-37)进行计算，逆向递推至第 1 阶段，根据已知的初始状态${}_0s_2$，对矩阵${}_1\boldsymbol{X}({}_0s_{2,k})$进行 $F.\,opt$ 运算，确定出阶段 1 的最优决策${}_1d_2^*$ 与最优多目标合成值 $\boldsymbol{F}_2^*$。按状态转移关系，由各阶段对应的局部最优多目标合成值向量，顺序求得在状态系列 S_1^*、决策系列 D_1^* 一定的条件下，以 S_2 为状态变量时最优的决策 $D_2^* = \{{}_1d_2^*, {}_2d_2^*, \cdots, {}_Td_2^*\}$和最优状态系列 $S_2^* = \{{}_0s_2^*, {}_1s_2^*, \cdots, {}_Ts_2^*\}$。

第三步，比较第一步和第二步的计算结果，如果第一步的虚拟轨迹 $\boldsymbol{S}_2^0 = ({}_0s_2^0, {}_1s_2^0, \cdots, {}_Ts_2^0)$与第二步的优化结果 $S_2^* = \{{}_0s_2^*, {}_1s_2^*, \cdots, {}_Ts_2^*\}$不同，则以第二步的优化结果 S_2^* 作为第一步的试验轨迹，重复上述优化计算，直到相邻两步计算所得到的多目标合成值($\boldsymbol{F}_1^*, \boldsymbol{F}_2^*$)和状态序列相同(允许精度范围内)，此时的决策系列 D_1^*、D_2^* 即为对应方案的最优决策。

2.3　作物非充分灌溉制度设计的多目标模糊优化模型

2.3.1　非充分灌溉的最优灌溉制度

农作物的灌溉制度是指作物播种前及全生长期内的灌水次数、每次灌水的日期和灌水定额及灌溉定额。在水源供水充足条件下的最优灌溉制度是适时、适量地对农作物进行灌溉，当土壤含水量达到某一允许的下限值时就进行灌溉，灌溉的上限值一般是使土壤含水量达到田间持水率，使作物的生长条件得到最大限度的满足，从而获得高产。

在水量有限、供水不足的条件下，农作物全生长期的总需水量及各生育阶段的需水量不可能得到全部满足，这将不可避免地引起农作物不同程度的减产。减产程度随着不同作物、不同生长阶段的缺水程度而异。在这种情况下，合理的灌溉应是在弄清各种作物不同生长时期缺水减产情况的基础上实行非充分灌溉，把有限的水量在作物生育期内更好地进行分配，确保作物关键时期用水，减少非关键时期供水，每个生育阶段的灌水决策所组成的最优策略就是农作物的最优灌溉制度。在非充分灌溉条件下所寻求的最优策略不

是指某个阶段的决策最优,而是指整个决策的整体效果达到最优。在此条件下的最优灌溉制度并不能使作物的单产最高,而是在水量有限的条件下将节约的水量用于扩大灌溉面积,使全灌区的总产值最大。

作物—水分模型是水分供应时间和数量对作物产量影响的数学描述,由于作物—水分模型是进行非充分灌溉制度设计及有限水资源优化调配的基础,因此选择合适的作物—水分模型就显得比较关键。目前,比较常用的作物—水分模型有两类:一是作物产量与全生育期总蒸腾蒸发量关系的数学模型;二是作物产量与各生育阶段蒸腾蒸发量关系的数学模型。由于作物在不同生育阶段缺水对产量的影响不同,而第一类模型不能反映不同阶段多次缺水对作物产量的影响,常用于全生育期总水量亏缺的宏观规划预测;第二类模型不仅表明了水分供应量,而且表明了不同水分供应时间对作物产量的影响,较适用于缺水条件下的灌溉管理。所以,本章以第二类模型作为作物非充分灌溉制度优化设计的基础。

随着缺水问题的日益突出,用水大户——灌溉用水的节约问题受到了广泛的关注,许多的研究人员开始了作物非充分灌溉制度的研究,通过有目的的不充分供给水分,使作物经受水分胁迫,在特定时期限制作物某些方面的生长,达到既节水又增产的目的。纵观国内外基于非充分灌溉理论的作物灌溉制度设计,多是以追求作物最终产量或净效益最大为目标,在计算过程中只给出了控制土壤含水率的上下限指标。由于对作物而言,土壤中自凋萎点 θ_ω 到田间持水率 θ_f 之间的水分是可以保持在根层内并能被植物吸收利用的有效水分,因此在研究中多以田间持水率作为上限指标,凋萎点附近含水率作为控制灌溉的土壤含水的下限指标。由于这种约束的不合理,致使优化的结果是在作物敏感性指数小的阶段,根系土壤的含水率趋近于凋萎系数,最大限度地提高了灌溉水的生产效率,这在理论上是合理的;如果据此灌溉制度来指导生产,由于阶段末的土壤含水率近于凋萎系数,在生产中不易控制,作物极易因过于干旱而导致凋萎,伴随着较大的种植风险。

2.3.2　非充分灌溉制度设计的多目标模糊优化模型

为解决以上问题,既要保证有较高的灌溉水分生产效率,又要降低作物的种植风险,本章建立了考虑作物种植风险指标时,非充分灌溉制度的多目标优化模型,并采用“2.2.2 多维多目标阶段模糊优选动态规划法”进行优化设计。模型描述如下。

2.3.2.1　阶段变量

将作物全生育期按生育阶段划分为 T 个阶段,以生育阶段数作为阶段变量 t $(t=1,2,\cdots,T)$。

2.3.2.2　状态变量

(1) t 阶段初可用于分配的灌溉水量 Q_{t-1}。

(2)阶段初计划湿润层的土壤含水量 S_{t-1},即

$$S_{t-1} = 667\gamma H_t(\theta_t - \theta_\omega) \tag{2-39}$$

式中:γ 为土壤干容重,t/m^3;H_t 为第 t 阶段计划湿润层深度,m;θ_t 为第 t 阶段计划湿润层内土壤平均含水率,以占干土重的百分数(%)计。

2.3.2.3 **决策变量**

为与实际灌溉配水系统及作物生长季节相适应，研究中把灌溉水量作为离散变量，并将阶段灌水量$_{t}d_{j}$作为决策变量。

有些研究中将t阶段的实际腾发量$_{t}ET_{j}$也作为一个决策变量。由于在一定的状态下，当作出决策$_{t}d_{j}$后，t阶段的实际腾发量$_{t}ET_{j}$就可唯一确定，假如不考虑实际腾发过程而以$_{t}ET_{j}$作为决策变量，则有可能因优化的田间水量不满足田间或土壤水分的实际消退过程，从而导致结果的失真，因此本研究中只以阶段灌水量作为决策变量。

2.3.2.4 **系统方程**

系统方程是描述系统在运动过程中状态转移的方程。由于本系统有两个状态变量，与它相对应的系统方程也有两个，即：

(1)水量分配方程为

$$_{t}Q_{j} = {}_{t-1}Q_{j} - {}_{t}d_{j} \tag{2-40}$$

(2)田间水量平衡方程，是反映土层中的水分变化过程的数学描述，即

$$_{t}S_{j} = {}_{t-1}S_{j} + {}_{t}p_{0} + {}_{t}d_{j}\eta + {}_{t}ck_{j} - {}_{t}ET_{j} - {}_{t}K_{j} \tag{2-41}$$

式中：$_{t}Q_{j}$为阶段末的总水量，m^3/hm^2；$_{t}p_{0}$为阶段有效降雨量，m^3/hm^2；η为灌溉水的有效利用系数；$_{t}ck_{j}$为t阶段通过上升毛管水进入计划湿润层的地下水补给量，m^3/hm^2；$_{t}ET_{j}$为阶段作物的实际腾发量，m^3/hm^2；$_{t}K_{j}$为阶段渗漏量，m^3/hm^2。

式中的变量均为方案j阶段t作决策$_{t}d_{j}$时所对应的变量。

2.3.2.5 **目标函数**

(1)以作物的相对产量最高作为目标1。描述作物产量与各生育阶段蒸发蒸腾量关系的数学模型很多，归纳起来大致可以分为相加模型和相乘模型两类。相加模型中比较具有代表性的是Blank模型，其数学描述为

$$\frac{y_a}{y_m} = \sum_{t=1}^{T} k'_t \left(\frac{ET_a}{ET_m}\right)_t \tag{2-42}$$

式中：y_a/y_m为相对产量；k'_t为作物不同阶段t缺水对产量的敏感系数。

由于相加模型把各生育阶段出现水分亏缺对产量的影响孤立开来，不能较客观地反映作物产量与阶段腾发量之间的关系，因此目前一般认为乘法模型对构成产量的目标反映比加法模型更敏感、更符合实际。一般是通过乘法模型来描述作物产量与阶段腾发量，而Jensen模型是乘法模型中目前用得较为广泛的一个模型。由于Jensen连乘模型不仅可以表示出不同阶段缺水对产量的影响不同，而且能表示出各阶段缺水并非是孤立的，而是互相联系的影响最终产量的这一客观现象，尤其是能利用自然降雨条件下获得的灌溉试验资料，用一般的回归分析统计法求出模型参数，在众多的模型中显示出其求解与应用的独特优点。因此，在本次研究中采用Jensen连乘模型，即

$$M_1 = \max \prod_{t=1}^{T} \left(\frac{{}_{t}ET_{j}}{{}_{t}ET_{m}}\right)^{\lambda_t} \tag{2-43}$$

式中：M_1为作物的相对产量目标，为实际产量与丰产产量的比值；$_{t}ET_{j}$为阶段t作物的实际腾发量，m^3/hm^2；$_{t}ET_{m}$为阶段t作物的潜在腾发量，m^3/hm^2；λ_t为作物阶段t缺水对产量的敏感性指数，是表明第t阶段作物因缺水而影响产量的敏感程度指标，λ_t越大，表示

该阶段缺水后减产率越大，λ_t 越小，表示该阶段缺水后减产率越小。

由于相对产量为越大越优指标，但在作物的全生育阶段，各个阶段产量的最大值与阶段灌水定额、降雨量等多个因素有关，无法寻找出全局统一的最大值，需要应用式(2-24)进行规格化，则 t 阶段目标 1 的相对优属度公式为

$$
{}_tr_{1j} = \begin{cases} 0 & ({}_tET_j = 0) \\ \left(\dfrac{{}_tET_j}{{}_tET_m}\right)^{\lambda_t} & (0 < {}_tET_j < {}_tET_m) \\ 1 & ({}_tET_j \geqslant {}_tET_m) \end{cases} \tag{2-44}
$$

其中，$t = 1,2,\cdots,T; j = 1,2,\cdots,n$。

可得目标 1 的相对优属度向量为

$$
{}_t\boldsymbol{R}_1 = ({}_tr_{11}, {}_tr_{12}, \cdots, {}_tr_{1n}) = ({}_tr_{1j}) \tag{2-45}
$$

(2)以作物生育阶段内无凋萎风险作为目标 2。它是一个定性指标，需要采用定性指标的定量标度的方法进行度量。考虑到作物的生长状况与土壤计划湿润层的土壤平均含水率直接相关，因此以作物的阶段土壤平均含水率范围作为目标 2 的衡量标准，并与语气算子建立对应关系，如表 2-1 所示。

表 2-1　土壤平均含水率范围与风险目标的相对隶属度关系

语气算子	同样	稍稍	略为	…	无可比拟
θ 范围	$\theta_1 \sim \theta_2$	$\theta_2 \sim \theta_3$	$\theta_3 \sim \theta_4$	…	$\theta_{j-1} \sim \theta_j$
${}_ta_{2j}$的值	0.5	0.55	0.60	…	1

依据表 2-1，由不同的土壤平均含水率范围确定出阶段 t 方案 j 作决策${}_td_j$ 时，目标 2 的相对隶属度${}_ta_{2j}$的值，按${}_tr_{2j} = \dfrac{1 - {}_ta_{2j}}{{}_ta_{2j}}$对种植风险进行评定，得到目标 2 的相对优属度向量为

$$
{}_t\boldsymbol{R}_2 = ({}_tr_{21}, {}_tr_{22}, \cdots, {}_tr_{2n}) = ({}_tr_{2j}) \tag{2-46}
$$

具体的求解过程见表 2-2。

表 2-2　语气算子与风险指标相对隶属度关系

语气算子	同样	稍稍	略为	略为与较为之间	较为	明显	十分	无可比拟
θ 值($n\theta_f$)	0.95 ~ 1.0	0.9 ~ 0.95	0.85 ~ 0.9	0.8 ~ 0.85	0.75 ~ 0.8	0.7 ~ 0.75	0.65 ~ 0.7	0.6 ~ 0.65
${}_2a_j$ 值	0.50	0.55	0.60	0.625	0.65	0.70	0.80	1.0

所有目标的相对优属度矩阵为

$$
{}_t\boldsymbol{R} = \begin{bmatrix} {}_tr_{11} & {}_tr_{12} & \cdots & {}_tr_{1n} \\ {}_tr_{21} & {}_tr_{22} & \cdots & {}_tr_{2n} \end{bmatrix} = ({}_tr_{ij}) \tag{2-47}
$$

其中，$i = 1,2; j = 1,2,\cdots,n$。

对于任一阶段 t，由目标 1、2 间的重要性排序，可得到指标的非归一化权向量 $({}_tw_1, {}_tw_2)$，进行归一化后得到 ${}_t\boldsymbol{w}' = ({}_tw_1', {}_tw_2')$，且 $\sum_{i=1}^{2} w_i' = 1$。

当 $p=1$ 时，由式(2-27)得到阶段 t 方案 j 作决策 ${}_td_j$ 时的相对优属度 ${}_tU_j$ 为

$$ {}_tU_j({}_{t-1}s_{1,k}) = \frac{1}{1 + \left\{1 - \dfrac{1}{\sum_{i=1}^{2}[{}_tw_i' \cdot {}_tr_{ij}({}_{t-1}s_{1,k})]}\right\}^2} \tag{2-48} $$

由式(2-48)及 Jensen 连乘模型可得作物非充分灌溉制度优化设计多目标模型的目标函数为

$$ F = \max \prod_{t=1}^{T} {}_tu_j({}_td_j) \tag{2-49} $$

2.3.2.6　**约束条件**

约束条件如下：

$$ \sum_{i=1}^{T} {}_td_j \leqslant Q_0 \tag{2-50} $$

$$ \theta_\omega \leqslant {}_t\theta_j \leqslant \theta_f \tag{2-51} $$

$$ 0 \leqslant {}_tET_j \leqslant {}_tET_m \tag{2-52} $$

$$ 0 \leqslant {}_td_j \leqslant Q_t \tag{2-53} $$

2.3.2.7　**初始条件**

方案 j 作物在全生育期初可供灌溉的有效水量 Q_0(m^3/hm^2)和土壤计划湿润层的含水率 θ_0(m^3/hm^2)。

2.4　应用实例及求解结果

结合豫东平原某地区，运用 2.3 节提出的非充分灌溉制度设计的多目标模糊优化模型对该地区的作物进行非充分灌溉制度设计。以典型干旱年($P=75\%$)的冬小麦作为研究对象，根据地区实际情况，将冬小麦全生育期划分为分蘖、返青、拔节、抽穗、乳熟、成熟六个阶段，以阶段灌水量作为决策变量，阶段初可用于分配的灌溉水量和计划湿润层的土壤含水量作为状态变量，则在任一阶段，该模型是一个具有一个决策变量和两个状态变量的二维问题，并且是一个涉及时间维的多目标问题，适宜采用 2.2 节中的多维多目标阶段模糊优选动态规划方法进行优化设计。

对该地区的实际资料进行分析和计算得到：土壤干容重 $\gamma=1.4\ t/m^3$，灌溉水有效利用系数 $\eta=0.65$，田间持水率 $\theta_f=22.0$(以占干土重的百分数计，%)。假设凋萎点土壤含水率 $\theta_\omega=0.6\theta_f$ 且每一阶段土壤计划湿润层的平均含水率对种植风险的影响效应均等，由此得到的语气算子与该地区冬小麦风险相对隶属度关系如表 2-2 所示。

在优化过程中，考虑到产量指标比风险指标重要得多，按照语气算子与相对隶属度间的关系，得到指标的非归一化权向量为 $\boldsymbol{w}_i=(1, 0.25)$，归一化后得到 $\boldsymbol{w}_i'=(0.80, 0.20)$，采用 2.2.2 多维多目标阶段模糊优选动态规划法和 2.3 节作物非充分灌溉制度设计的多

目标模糊优化模型，进行该区域冬小麦非充分灌溉制度的优化设计，结果列于表 2-3。

表 2-3　考虑风险指标时不同供水方案下冬小麦的灌溉制度

项目		播种—分蘖	分蘖—返青	返青—拔节	拔节—抽穗	抽穗—乳熟	乳熟—成熟	F^* 值
ET_m（m^3/亩）		385.5	150.0	397.5	1 201.1	873.3	946.2	
λ_t		0.115 6	0.114 6	0.110 5	0.314 8	0.245 4	0.000 1	
P_0（m^3/hm^2）		381.0	90.0	0.0	136.95	0.0	421.95	
供分配的水量（m^3/hm^2）	450	0	0	450	0	0	0	0.858 8
	900	0	0	450	450	0	0	0.882 5
	1 350	0	0	450	900	0	0	0.932 9
	1 800	450	0	450	900	0	0	0.965 6
	2 250	450	0	450	900	450	0	0.980 3
	2 700	450	0	450	900	900	0	0.985 6

为对模型的正确性和优越性进行比较和对比，研究中还采用单目标模型对该地区的冬小麦进行了非充分灌溉制度设计，在单目标模型优化过程中不再考虑风险指标，并对同一方案两种模型的计算结果进行了比较，如表 2-4、图 2-1 和图 2-2 所示（$Q=1\ 800\ m^3/hm^2$）。

表 2-4　单目标模型与多目标模型计算结果比较

模型	灌水方案（m^3/hm^2）	灌溉制度	相对产量	阶段末 θ 的值（$\%\theta_f$）
多目标	1 350	$D(3)=450$，$D(4)=900$	0.639 6	$CT(1)=0.93$，$CT(2)=0.92$，$CT(3)=0.98$，$CT(4)=0.97$，$CT(5)=0.70$，$CT(6)=0.62$
	1 800	$D(1)=450$，$D(3)=900$，$D(4)=450$	0.767 1	$CT(1)=1.00$，$CT(2)=0.97$，$CT(3)=1.00$，$CT(4)=0.99$，$CT(5)=0.69$，$CT(6)=0.60$
	2 250	$D(1)=450$，$D(3)=450$，$D(4)=900$，$D(5)=450$	0.820 3	$CT(1)=1.00$，$CT(2)=0.97$，$CT(3)=1.00$，$CT(4)=1.00$，$CT(5)=0.91$，$CT(6)=0.74$
单目标	1 350	$D3=900$，$D5=450$	0.734 5	$C1=0.89$，$C2=0.86$，$C3=1.00$，$C4=0.74$，$C5=0.60$，$C6=0.60$
	1 800	$D1=450$，$D3=450$，$D5=900$	0.834 5	$C1=1.00$，$C2=0.97$，$C3=0.98$，$C4=0.67$，$C5=0.60$，$C6=0.60$
	2 250	$D1=450$，$D3=450$，$D4=450$，$D5=900$	0.918 0	$C1=1.00$，$C2=0.97$，$C3=0.95$，$C4=0.70$，$C5=0.60$，$C6=0.60$

通过多目标与单目标模型计算结果的比较可以看出：

（1）两种模型的灌水决策有所不同，最优相对产量也不一样，但两种模型的灌水期大部分都集中在返青—拔节期、拔节—抽穗期、抽穗—乳熟期及播种—分蘖期等作物阶段敏感性指数 λ_t 较大的时期，由于敏感性指数 λ_t 是反映水分亏缺对产量影响程度的指标，λ_t

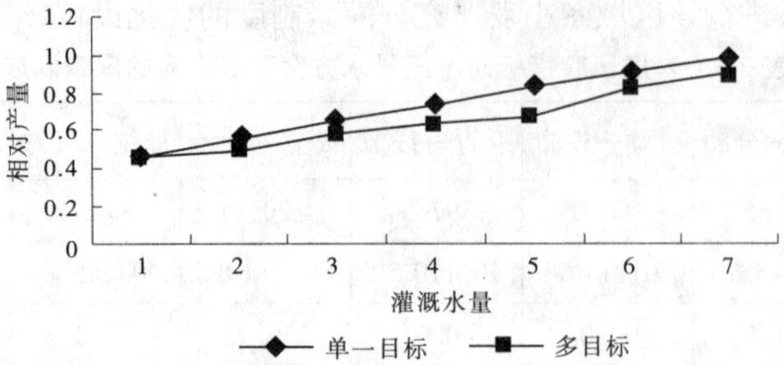

图 2-1　相对产量对比图

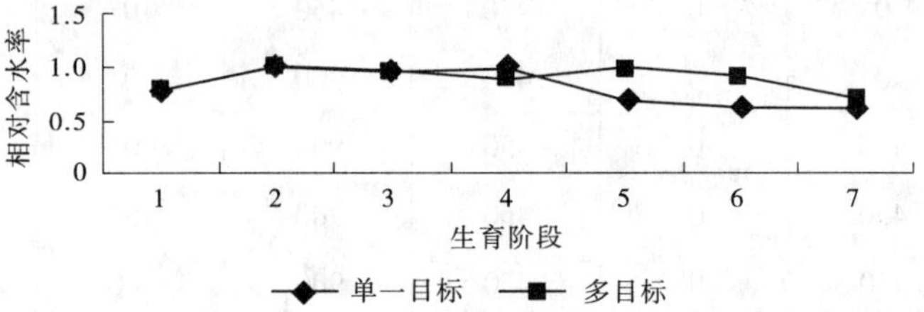

图 2-2　阶段末土壤相对含水率对比图

越大，缺水对产量的影响也越大，它是灌溉水量在各生育阶段分配的重要依据。因此，两种模型的结果都符合缺水时将有限水量灌在作物缺水减产敏感期这一原则。

(2)两种模型的各种最优相对产量均随可供水量增加而增加，且符合边际效益递减规律。在灌一水或两水的情况下，作物增产效果非常明显，但当灌水量增大至接近充分灌溉时，灌溉的增产效果并不明显，两种模型均在灌水定额为 2 250 m^3/hm^2 时相对产量达到最大值，再增加灌水量对增产无明显效果。

(3)本书所提出的作物非充分灌溉制度的多目标模糊优化设计，较好地描述了各阶段灌水量对产量影响的模糊性以及土壤湿润层含水量对作物种植风险影响的模糊性，从而较好地解决了提高水分利用率与种植风险这一对相互矛盾的问题。从单一作物的土壤含水率曲线可以看出，不论灌水情况如何，最优轨迹最后都收敛到最不利情况，即 θ_i 为 θ_ω 时。虽然此时农业水利用率最大，但风险也最大。在多目标情况下，优化决策则是在兼顾提高水分生产率的同时，能有效地降低作物的种植风险，在生产实际中易于实施。

(4)由于多目标模型考虑了风险指标，因此多目标模型的相对产量总是小于或等于单一目标时的产量。由表 2-4 的比较结果可以看出，多目标模型能够保证作物在有限的灌溉条件下，在提高水分生产率的同时，使作物的阶段平均含水率保持在适宜范围，不致使种植风险过高，虽然此时相对产量和水分生产率都比单目标时有所降低。相比之下，多目标模型能够保证作物在有限灌溉条件下，在提高水分生产率的同时，使作物的阶段平均含水率保持在适宜范围，特别是在成熟阶段，阶段平均含水率稍高于适宜含水率下限，不致使种植风险过高，符合农业实际情况。

2.5　小　结

针对复杂水资源系统的多维多阶段优化问题，本书提出的多维多目标序列相对优属度之和最大法，适用于解决不涉及“时间维”的多维多目标模糊问题；以后向递推建立的多维多目标的阶段模糊优选动态规划法，适用于解决涉及“时间维”的“动态”多维模糊问题。这两种动态规划方法的提出拓宽了模糊优选理论的应用范围。

本章提出的以后向递推建立的多维多目标的模糊优选动态规划方法，实践证明是可行的，对前向递推也类同。当多维变一维时，只需执行第一步，其结果与多目标模糊动态优选理论解得的最优策略相同。本书虽然只给出了二维问题的求解过程，但由二维问题的求解可以推广到更多维问题的求解。

本章提出的考虑风险因素时作物非充分灌溉制度的优化设计方法，较好地解决了提高水分生产率与阶段土壤含水率过低导致作物种植风险过高的矛盾，将作物相对产量指标与风险指标同时予以考虑，符合农业生产的实际情况，对于农业节水规划和管理有重要的现实意义。

本章提出的考虑风险因素的作物非充分灌溉制度优化设计模型，在确定风险指标的相对优属度过程中，需要根据阶段的土壤平均含水率来确定其具体值，因此如何准确地确定适宜的土壤墒情与目标相对隶属度之间的关系就显得较为重要，若能将这种关系和具体的试验资料相结合则更具有现实意义。另外，由于 Jensen 模型自身的一些限制，该模型只确定了灌水阶段，对于具体灌水日期的确定还未涉及，有待于进一步研究，特别是结合作物根系层土壤水分监测数据来进行研究。

本章提出的多目标优化灌溉制度是基于确定性模型的，实际上由于气候、作物及土壤含水量等因素难以准确定量预报和具有随机性，确定性模型往往只能基于以往资料制定灌区最优规划及设计方案，或用于灌区的中长期用水计划拟定中，如何将该模型与来水、用水的随机过程联系起来，建立更为接近实际的灌溉制度模型将是下一步工作的一个方向。

可分别采用式(3-6)和式(3-7)进行相对隶属度变换。

当指标为越大越优型时,指标的相对隶属度公式为

$$r_{ij} = \frac{x_{ij}}{\max x_j} \tag{3-6}$$

当指标为越小越优型时,指标的相对隶属度公式为

$$r_{ij} = \frac{\min x_j}{x_{ij}} \tag{3-7}$$

式中:$\max x_j$、$\min x_j$ 分别为 n 个方案中指标 i 的最大特征值、最小特征值。

利用式(3-6)和式(3-7)把指标特征值矩阵(3-5)中的定量指标变换为相对隶属度。

对于定性指标相对隶属度的确定,陈守煜从“人的经验知识经常是通过两个重要的模糊概念——重要性与优越性的反复思考、比较来体现”的观点出发,并根据我国语言与思维的习惯,提出以互补性准则为判断准则的二元对比法。具体的确定方法如下。

1)就评价指标 c_i 而言,决策集优越性定性排序

首选,评判者对决策集中的决策 d_k、d_l 进行二元对比,确定排序标度${}_ie_{kl}$,${}_ie_{kl}$在 0、0.5、1 中取值。对比对象为 d_k 与 d_l 时的具体做法是:

(1)若 d_k 比 d_l 重要,则令排序标度${}_ie_{kl}=1$,${}_ie_{lk}=0$。

(2)若 d_k 与 d_l 同样重要,则令排序标度${}_ie_{kl}={}_ie_{lk}=0.5$。

(3)若 d_l 比 d_k 重要,则令排序标度${}_ie_{kl}=0$,${}_ie_{lk}=1$。

因此,得到决策集关于优越性的二元对比排序矩阵为

$${}_i\boldsymbol{E} = \begin{bmatrix} {}_ie_{11} & {}_ie_{12} & \cdots & {}_ie_{1n} \\ {}_ie_{21} & {}_ie_{22} & \cdots & {}_ie_{2n} \\ \vdots & \vdots & & \vdots \\ {}_ie_{m1} & {}_ie_{m2} & \cdots & {}_ie_{mn} \end{bmatrix} \tag{3-8}$$

其中,$k=1,2,\cdots,n$;$l=1,2,\cdots,n$。

再根据下列条件进行一致性检验,条件为:

(1)若${}_ie_{hk}>{}_ie_{hl}$,有${}_ie_{kl}=0$。

(2)若${}_ie_{hk}<{}_ie_{hl}$,有${}_ie_{kl}=1$。

(3)若${}_ie_{hk}={}_ie_{hl}=0.5$,有${}_ie_{kl}={}_ie_{lk}=0.5(h=1,2,\cdots,n)$。

若关于优越性的二元对比排序矩阵通不过一致性检验条件,则说明判断思维过程自相矛盾,需重新修正排序标度,若通过一致性检验条件,则可计算矩阵(3-8)的各行元素之和为

$$s_i = \sum_{l=1}^{n} e_{kl} \tag{3-9}$$

s_i 的大小排序反映了决策集关于优越性的排序。若有 $s_1>s_3>s_6$,则决策集关于优越性的排序为 $d_1>d_3>d_6$。

2)就评价指标 c_i 而言,决策集对优越性的定量计算

在确定了决策集关于优越性的排序以后,可根据语气算子与模糊标度值的对应关系,对各决策指标进行二元对比优越性比较,为在二元定量对比中更易于按我国的语言习惯给出定量标度${}_ia_{1j}$,陈守煜按照我国的语言习惯,在同样与无可比拟之间插入稍稍、略为、

较为、明显、显著、十分、非常、极其、极端 9 个语气算子，建立了语气算子与定量标度$_i a_{1j}$之间的对应关系。

对决策 d_k、d_l 进行二元比较，用语气算子判断给出$_i a_{1j}$，用下式计算出决策集相对优属度的量化值

$$_i r_j = \frac{1 - {_i a_{1j}}}{_i a_{1j}} \quad (0.5 \leqslant {_i a_{1j}} \leqslant 1) \tag{3-10}$$

通过以上对评价指标特征值的处理，将指标特征值矩阵(3-5)中的定量指标和定性指标均变换为相对隶属度 r_{ij}，组成了指标相对隶属度矩阵为

$$\boldsymbol{R} = \begin{bmatrix} r_{11} & r_{12} & \cdots & r_{1n} \\ r_{21} & r_{22} & \cdots & r_{2n} \\ \vdots & \vdots & & \vdots \\ r_{m1} & r_{m2} & \cdots & r_{mn} \end{bmatrix} = (r_{ij}) \tag{3-11}$$

由矩阵 $\boldsymbol{R}$ 知样本 j 的 m 个指标相对隶属度为

$$\boldsymbol{r}_j = (r_{1j}, r_{2j}, \cdots, r_{mj})^{\mathrm{T}} \tag{3-12}$$

一般来说，因为样本集的 m 个指标对优选的影响程度不同，故指标应具有不同的权重，设指标权向量为 $\boldsymbol{w} = (w_1, w_2, \cdots, w_m)$，满足$\sum_{i=1}^{m} w_i = 1$。

应用两级模糊优选模型，得到作物 j 的综合效益对优的相对优属度 u_j 为

$$u_j = \frac{1}{1 + \left\{ \dfrac{\sum_{i=1}^{m} [w_i(r_{ij} - 1)]^p}{\sum_{i=1}^{m} (w_i \cdot r_{ij})^p} \right\}^{\frac{2}{p}}} \tag{3-13}$$

以灌区综合效益最大作为目标，建立作物种植结构的多目标模糊优化模型的目标函数为

$$\max Z = \sum_{j=1}^{n} u_j a_j = \sum_{j=1}^{n} \frac{a_j}{1 + \left\{ \dfrac{\sum_{i=1}^{m} [w_i(r_{ij} - 1)]^p}{\sum_{i=1}^{m} (w_i \cdot r_{ij})^p} \right\}^{\frac{2}{p}}} \tag{3-14}$$

式中：a_j 为作物 j 的最优种植面积。

上述的目标函数具有以下的约束条件：

(1)水量约束为

$$\sum_{j=1}^{n} d_j a_j \leqslant Q \tag{3-15}$$

式中：d_j 为第 j 种作物的经济灌溉定额，可对作物进行单目标的投入与产出关系分析，通过经典求极值的方法获得具体的值；Q 为灌区农业可利用水资源总量。

(2)面积约束为

$$\sum_{j=1}^{n} a_j \leqslant A \tag{3-16}$$

$$\min a_j \leqslant a_j \leqslant \max a_j \tag{3-17}$$

式中：A 为灌区总的耕地面积；$\min a_j$、$\max a_j$ 为作物 j 的最小可能种植面积、最大可能种植面积。

(3)非负约束为

$$a_j \geqslant 0 \quad (j = 1,2,\cdots,n) \tag{3-18}$$

以上约束条件可视研究区域的具体情况进行增减，在实际的优化配水过程中，还需要考虑到一些政策约束，如口粮约束、前后期连种作物的面积约束等。

3.3　指标权向量的模糊定权法

作物种植结构的多目标模糊优化模型(3-14)中含有指标权重 w_i，如何合理确定 w_i 的值，直接影响到最终的优化结果，是影响最优种植比例的一个重要因素。在多指标综合评价中，确定指标权重的方法主要有主观赋权法和客观赋权法两种，前者根据评价者的主观看法确定指标权重，常用的有专家打分法、区间打分法、选项打分法、德尔斐法等；后者是根据各指标的联系程度或各指标所提供的信息量来确定指标权重，有主成分分析法、因子分析法、复相关系数法等。

为克服主观赋权法在经验基础上笼统打分的缺陷，减少主观人为因素的影响，陈守煜从指标 i 对于模糊概念"重要性"$\underset{\sim}{B}$ 的相对隶属度出发，提出了指标权向量的模糊定权法。

由于确定权重是在已知的 m 个目标之间作重要性的相对比较，与论域以外的目标无关，据此可建立论域中理想重要目标 $\vec{y} = (1,1,\cdots,1)$ 与理想不重要目标 $\vec{y} = (0,0,\cdots,0)$ 作为重要与不重要目标的相对比较标准。

设目标对优的相对隶属度矩阵为

$$\boldsymbol{R} = \begin{bmatrix} r_{11} & r_{12} & \cdots & r_{1n} \\ r_{21} & r_{22} & \cdots & r_{2n} \\ \vdots & \vdots & & \vdots \\ r_{m1} & r_{m2} & \cdots & r_{mn} \end{bmatrix} = (r_{ij})_{m \times n} \tag{3-19}$$

显然，目标对优的相对隶属度与目标对重要性的相对隶属度在概念上虽不相同，但两者联系却相当密切。一般情况下，目标对优的相对隶属度越大，通常给以越多的关注或赋以越大的权重值。根据模糊集中可以将隶属度定义为权重的概念，将矩阵 $\boldsymbol{R}$ 进行转置得到目标对模糊概念"重要性"$\underset{\sim}{B}$ 的相对隶属度矩阵，即

$$\boldsymbol{W} = \boldsymbol{R}^{\mathrm{T}} = \begin{bmatrix} r_{11} & r_{21} & \cdots & r_{m1} \\ r_{12} & r_{22} & \cdots & r_{m2} \\ \vdots & \vdots & & \vdots \\ r_{1n} & r_{2n} & \cdots & r_{mn} \end{bmatrix} \tag{3-20}$$

记矩阵

$$\boldsymbol{W} = \begin{bmatrix} w_{11} & w_{12} & \cdots & w_{1m} \\ w_{21} & w_{22} & \cdots & w_{2m} \\ \vdots & \vdots & & \vdots \\ w_{n1} & w_{n2} & \cdots & w_{nm} \end{bmatrix} = (w_{ji})_{n\times m} \tag{3-21}$$

由矩阵 $\boldsymbol{W}$ 可见，n 个方案关于目标 i 对重要性的相对隶属度向量为

$$\boldsymbol{w}(i) = (w_{1i}, w_{2i}, \cdots, w_{ni})^{\mathrm{T}} \tag{3-22}$$

由于方案集中各方案之间公平竞争，无任何偏好，就目标 i 的重要性而言，n 个方案具有相同的权重。于是目标 i 与理想重要目标及理想不重要目标的差异可分别用广义距离表示为

$$d_{gi} = \{\sum_{j=1}^{n}(1 - w_{ji})^{p}\}^{\frac{1}{p}} \tag{3-23}$$

$$d_{bi} = \{\sum_{j=1}^{n} w_{ji}{}^{p}\}^{\frac{1}{p}} \tag{3-24}$$

设目标 i 对重要的相对隶属度为 $\boldsymbol{w}(i)$，对不重要的相对隶属度为 $\boldsymbol{w}(i)^{c}$，根据模糊集合的余集定义有 $\boldsymbol{w}(i)^{c} = 1 - \boldsymbol{w}(i)$。

为更完善地表达目标 i 与理想重要目标和理想不重要目标之间的差异，以相对隶属度 $\boldsymbol{w}(i)$ 与 $\boldsymbol{w}(i)^{c}$ 为权值，得广义加权距离为

$$D_{gi} = \boldsymbol{w}(i) d_{gi} = \boldsymbol{w}(i)\{\sum_{j=1}^{n}(1 - w_{ji})^{p}\}^{\frac{1}{p}} \tag{3-25}$$

$$D_{bi} = \boldsymbol{w}(i)^{c} d_{bi} = (1 - \boldsymbol{w}(i))\{\sum_{j=1}^{n} w_{ji}^{p}\}^{\frac{1}{p}} \tag{3-26}$$

为了确定 $\boldsymbol{w}(i)$，建立目标函数为目标的加权距离 D_{gi} 与 D_{bi} 平方的总和最小，即

$$\min\{F(\boldsymbol{w}(i)) = D_{gi}^{2} + D_{bi}^{2} = \boldsymbol{w}(i)^{2}[\sum_{j=i}^{n}(1 - w_{ji})^{p}]^{\frac{2}{p}} + (1 - \boldsymbol{w}(i))^{2}[\sum_{j=1}^{n} w_{ji}^{p}]^{\frac{2}{p}}\} \tag{3-27}$$

求目标函数式(3-27)的导数，且令导数为零，即 $\frac{\mathrm{d}F(\boldsymbol{w}(i))}{\mathrm{d}\boldsymbol{w}(i)} = 0$。

解得目标对重要性的相对隶属度 $\boldsymbol{w}(i)$ 为

$$\boldsymbol{w}(i) = \frac{1}{1 + \left[\dfrac{\sum_{j=1}^{n}(1 - w_{ji})^{p}}{\sum_{j=1}^{n}(w_{ji})^{p}}\right]^{\frac{2}{p}}} \tag{3-28}$$

由上式可求得非归一化权向量 $\boldsymbol{W} = (w(1), w(2), \cdots, w(m))$，归一化后即可求得各指标的权重。

3.4　应用实例

应用式(3-14)对某灌区的四种灌溉作物的种植面积进行优化，并对灌区水资源进行

优化分配。某些基本资料引自文献[78]。

该灌区有耕地 14 000 hm^2，种植有甲、乙、丙、丁 4 种农作物，各作物的最大、最小种植面积已知，$P=50\%$ 典型年农业可利用水量为 $1\ 730\times10^4\ m^3$，灌区的综合效益以经济效益、社会效益和生态效益作为评价指标。定量评价指标的特征值见表 3-1，其中，经济效益指标值为灌溉效益分摊值（元/hm^2），社会效益指标值为农产品的商品产量比例。

表 3-1　定量评价指标的特征值

指标	甲作物	乙作物	丙作物	丁作物
经济效益（元/hm^2）	2 619	832	1 579	3 411
社会效益（%）	80	50	30	70

由于生态效益为定性指标，则可根据定性评价指标的定量化方法，运用专家的经验知识作重要性程度的二元比较判断，给出 4 种作物对于该指标而言，重要性的二元比较一致性排序矩阵为

$$ {}_3\boldsymbol{E}=\begin{bmatrix}0.5 & 0 & 1 & 1\\ 1 & 0.5 & 1 & 1\\ 0 & 0 & 0.5 & 0\\ 0 & 0 & 1 & 0.5\end{bmatrix}\quad \begin{matrix}\text{排序}\\(2)\\(1)\\(4)\\(3)\end{matrix} \tag{3-29}$$

二元比较一致性排序矩阵中第 i 行各元素的和反映了第 i 行相应于该指标而言的重要性程度。因此，依据重要性排序一致矩阵各行和数由大到小的排列，能够给出因素集在满足排序一致性条件下的重要性定性排序。由矩阵(3-29)可知，甲、乙、丙、丁 4 种农作物关于生态效益指标的优越性排序为(2)、(1)、(4)、(3)。

以排序为(1)的乙作物，逐个地与排序为其他序号的作物作二元比较判断。经过认真地考虑认为：乙作物与甲作物相比“稍稍”重要，乙作物与丙作物相比处于“显著”与“十分”重要之间，乙作物与丁作物相比处于“略为”与“较为”重要之间。根据表 3-2 有

表 3-2　语气算子与定量标度相对隶属度关系

语气算子	同样	稍稍	略为	较为	明显	显著	十分	非常	极其	极端	无可比拟
定量标度	0.50	0.55	0.60	0.65	0.70	0.75	0.80	0.85	0.90	0.95	1
相对隶属度	1.0	0.818	0.667	0.538	0.429	0.333	0.25	0.176	0.111	0.053	0

$$\boldsymbol{r}_{3j}=(0.818,1.0,0.29,0.60)$$

由式(3-6)和表 3-1 可得该灌区 4 种作物指标特征值相对隶属度矩阵 $\boldsymbol{R}$ 为

$$\boldsymbol{R}=\begin{bmatrix}0.767\ 8 & 0.243\ 9 & 0.462\ 9 & 1.0\\ 1.0 & 0.625 & 0.375 & 0.755\ 7\\ 0.818 & 1.0 & 0.29 & 0.60\end{bmatrix}$$

在优化过程中，考虑到目标的重要性与优越性成正比，目标对优越性的相对隶属度越大，则赋予越大的权重，可以采用模糊客观赋权重的方法来确定指标权重，由式(3-20)和

式(3-21)得到指标权重矩阵 $\boldsymbol{W}$ 为

$$\boldsymbol{W} = \boldsymbol{R}^{\mathrm{T}} = \begin{bmatrix} 0.767\,8 & 1.0 & 0.818 \\ 0.243\,9 & 0.625 & 1.0 \\ 0.462\,9 & 0.375 & 0.29 \\ 1.0 & 0.755\,7 & 0.60 \end{bmatrix} = (w_{ji})_{4\times3}$$

当 $p=2$ 时,由式(3-28)得到指标的非归一化权向量为 $\boldsymbol{w}(i) = (0.724\,7, 0.867\,2, 0.814\,6)$,进行归一化处理,得到指标的归一化权向量为

$$\boldsymbol{w}(i) = (0.3, 0.36, 0.34) \tag{3-30}$$

由式(3-13)得到 4 种作物的综合效益对优的相对优属度 $\boldsymbol{u}_j$ 为

$$\boldsymbol{u}_j = (0.977\,6, 0.755\,2, 0.260\,9, 0.953\,8) \tag{3-31}$$

将 $\boldsymbol{u}_j$ 代入作物种植结构多目标模糊优化模型的目标函数式(3-14),得到该灌区在平水年型作物种植结构的多目标模糊优化模型为

$$\max Z = 0.977\,6a_1 + 0.755\,2a_2 + 0.260\,9a_3 + 0.953\,8a_4 \tag{3-32}$$

根据灌区的实际情况,约束条件有:

(1)水量约束为

$$1\,700a_1 + 1\,900a_2 + 1\,500a_3 + 2\,150a_4 \leqslant 1\,730 \times 10^4$$

(2)面积约束为

$$a_1 + a_2 + a_3 + a_4 \leqslant 14\,000$$
$$1\,600 \leqslant a_1 \leqslant 4\,581$$
$$830 \leqslant a_2 \leqslant 3\,652$$
$$650 \leqslant a_3 \leqslant 3\,725$$
$$2\,100 \leqslant a_4 \leqslant 6\,359$$

(3)非负约束为

$$a_1, a_2, a_3, a_4 \geqslant 0$$

模型式(3-32)为线性规划,采用线性规划改进的单纯形法求解该模型,得到该灌区甲、乙、丙、丁 4 种作物的最优种植面积分别为 4 581 hm^2,830 hm^2,650 hm^2,3 237.4 hm^2,在各作物最优经济灌溉定额一定的条件下,相应的灌溉水量分别为 $778.77 \times 10^4\ \mathrm{m}^3$,$157.7 \times 10^4\ \mathrm{m}^3$,$97.5 \times 10^4\ \mathrm{m}^3$,$696.04 \times 10^4\ \mathrm{m}^3$。

3.5　小　结

在有限水资源条件下的作物种植结构优化,既要考虑作物本身需水、缺水规律,又必须根据市场和社会的需求,考虑经济效益、社会效益及生态效益,适当调整作物种植面积和比例,优化配置水资源。本章提出的可持续农业作物种植结构的多目标模糊优化模型与方法,克服了以往研究中片面追求经济效益的弊端,所建模型以非线性的相对优属度作为决策变量(种植面积)的权系数来求解多目标问题,理论上更为严谨合理,目标函数的物理意义更为明晰,具有较强的实用性,为区域可持续发展农业规划提供了较为完善的多目标模糊优化理论、模型与方法。

采用该模型对农业种植结构进行调整，能够根据不同作物的需水量和需水规律进行作物合理搭配，把有限的总灌溉水量和土地面积在多种作物之间进行最优分配，优化配置水土资源，并使作物的布局和水资源相一致，使灌区总效益最大，为节水农业的良性发展提供科学依据。

本章在确定目标权重过程中采用了模糊定权的方法，该方法推理严谨，且计算简便，是一种切实可行的确定目标权重的方法。实例表明，本章提出的模型是合理的，方法是可行的。但该模型在优化的过程中，经济灌溉定额是以定值出现的，如何将作物的经济灌溉定额与随机过程结合起来，建立更为符合实际情况的种植结构优化模型，将是进一步研究的新问题。

第 4 章　渠井灌区配水序贯多指标变权重模糊决策方法

4.1　问题的提出

随着干旱的加剧和灌溉水资源的日益紧张，为合理利用有限的农业水资源，提高灌区总体的经济效益、社会效益和环境效益，对于渠井结合灌区，必须在考虑地表水、地下水各自水文规律及相互作用的基础上，进行与实际情况紧密结合的渠井联合调度研究，对水资源进行时空优化分配，以合理利用地表水量及地下水量，更好地发挥地表水与地下水的互补效益，满足区域经济发展及环境要求，并产生较大的经济效益。

渠井结合灌区进行地表水、地下水联合调度的灌溉系统是由互为水力联系的地表水和地下水两种水源来供水，这两种水源各自不同的水文规律决定了它们具有如下的特点：地表水的年际和年内变化较大，调蓄能力差，优点是灌溉成本较低；而地下水水量较为稳定，有就近供水的优点，但灌溉成本较高。将这两种水源联合成灌溉系统，比如在北方地区的 7 ~ 9 月份，一般为多雨季节，而且也是农作物需水量较少的季节，此时可以利用地下含水层调蓄地表水，不但能减小地表水的无效损失，还极大地调节了水资源在时间分配上的不均匀性，有利于提高供水保证率，甚至还能减轻下游地区的洪涝灾害。在少雨的 3 ~ 6 月份，由于作物在这段时期处于生长旺盛期，是用水量较多的季节，这一时期因地下水长时间得不到补给，也是地下水位最低的时期，在这一时期应尽最大可能利用地表水源，适当辅以地下水供水来满足需水要求。这样做，一方面，能缓解地下水位的进一步下降，防止地下水环境恶化，缩短地下水补给途径，增加地下水补给量；另一方面，在雨季来临之前可以尽可能地腾出地下库容，以备雨季时增大蓄水量。由此可以看出，通过地表水和地下水的联合调度，可以使地表水和地下水获得充分的补给和有效的利用，为农业提供灌溉水源，提高灌溉保证率。

对于联合调度的研究，很多人是用系统分析来进行研究的，采用动态规划、线性规划、大系统优化、随机优化等优化手段，追求某一目标的实现，最终给出调度的精确解。实际上，灌区的联合调度是一个复杂的多目标问题，不但要考虑经济问题，还要兼顾社会问题和环境问题，传统数学模型难以很好地解决灌区复杂的多目标问题。近几年来，对策论、存贮论、灰色理论、模糊理论及决策支持系统等方法在地表水、地下水联合运用系统中得到了越来越多的应用。此外，多种优化方法的组合模型也得到了较快的发展，如动态规划与模拟技术相结合、图论方法与线性规划方法相结合、动态规划与线性规划相结合、网络方法与线性方法相结合，以及优化方法与灰色理论、模糊理论相结合等方法。采用这些新的研究方法取得了不少有价值的成果，这些成果不仅在提高流域（或区域）经济效益和社会效益方面发挥了作用，而且在理论上也有不少创新。

在灌溉季节，究竟采用何种灌溉方式，灌多少水合适，均隶属于模糊概念，在优与劣之间是一个渐变的过程，具有中介过渡阶段，适宜用模糊理论进行研究。基于陈守煜提出的工程模糊集理论，周惠成采用模糊推理模式对水库与井群联合运行进行了研究，确定出灌溉季节井群出水量的定性描述。1991 年，黄冠华针对灌区规划与管理的线性规划中存在的若干模糊化问题，提出了应用模糊线性规划来解决此类问题，并给出了两个实例进行分析，结果表明：模糊线性规划是解决此类问题的有效方法，其模糊优化解对灌区的规划与管理具有一定的指导意义。1995 年，延耀兴等将系统工程中的限界搜索法运用到水资源系统多目标决策中，较好地解决了决策中的模糊决策问题。1994 年，陈守煜提出了模糊关系优选决策模型，并在河南省人民胜利渠引黄灌区进行了应用，建立了灌溉序贯决策的模糊关系优选模型。在优选决策过程中，将目标权重确定为等权重，这与实际情况有所偏差，由于作物处于不同的生长阶段，对各目标的关注程度是不同的，基于此，本书提出目标变权重的处理方法，结合渠井灌区配水序贯多指标模糊决策方法进行联合调度研究。

4.2 配水序贯多指标系统模糊关系优选方法

有一类问题需要在一系列时刻点上都作出决策，而且系统的状态转移又是随机的，即在每个观察时刻，决策者根据观察到的状态，从它可用的行动集（措施、方案集）中选用其一作为最优决策，系统下次出现的状态又是随机的，决策者应收集新的信息，观察下次出现的状态，然后作出新的决策，如此一步一步地进行下去，这种决策过程称为序贯决策。在作物的生长阶段，在渠井结合灌区，究竟采用何种灌溉方式，就属于序贯问题。

设 U、V 是灌溉多指标系统中的两个有限论域，反映灌溉方式影响的指标有 m 个，对于指标 i，由 U 与 V 中任意搭配的元素对 g、h 构成关于指标 i 的笛卡儿乘积集，元素对 (g,h) 搭配后的特征值用特征值矩阵表示为

$$
{}_i\boldsymbol{X}_{n\times c} = \begin{bmatrix} {}_ix_{11} & {}_ix_{12} & \cdots & {}_ix_{1c} \\ {}_ix_{21} & {}_ix_{22} & \cdots & {}_ix_{2c} \\ \vdots & \vdots & & \vdots \\ {}_ix_{n1} & {}_ix_{n2} & \cdots & {}_ix_{nc} \end{bmatrix} = ({}_ix_{gh}) \tag{4-1}
$$

式中：${}_ix_{gh}$ 为渠井灌溉多指标系统，指标 $i(i=1,2,\cdots,m)$ 在论域 U 中的元素 $g(g=1,2,\cdots,n)$ 与 V 中的元素 $h(h=1,2,\cdots,c)$ 搭配下所具有的特征值；n 为论域 U 的元素数；c 为论域 V 的元素数。

对于灌溉系统，指标一般可分为越大越优型、越小越优型和中间型三类。

对于越大越优型指标，指标的相对隶属度公式为

$$
{}_ir_{gh} = \frac{{}_ix_{gh}}{\max\limits_{g,h} {}_ix_{gh}} \tag{4-2}
$$

对于越小越优型指标，指标的相对隶属度公式为

$$
{}_ir_{gh} = \frac{\max\limits_{g,h} {}_ix_{gh} - {}_ix_{gh}}{\max\limits_{g,h} {}_ix_{gh}} \tag{4-3}
$$

对于中间型指标，指标的相对隶属度公式为

$$ {}_ir_{gh} = 1 - \frac{|{}_ix_{gh} - {}_ix|}{\max\limits_{g,h}|{}_ix_{gh} - {}_ix|} \tag{4-4}$$

式中：${}_ir_{gh}$为指标 i 在论域 U、V 中元素 g、h 的搭配下具有的特征值对优的相对隶属度；$\max\limits_{g,h}{}_ix_{gh}$为指标 i 对元素 g、h 的所有搭配的特征值的最大值；${}_ix$ 为指标 i 对元素 g、h 的所有搭配的中间最优值。

根据指标相对隶属度公式对指标特征值进行规格化处理，得到指标关于优的模糊关系矩阵为

$$ {}_i\boldsymbol{R}_{n\times c} = \begin{bmatrix} {}_ir_{11} & {}_ir_{12} & \cdots & {}_ir_{1c} \\ {}_ir_{21} & {}_ir_{22} & \cdots & {}_ir_{2c} \\ \vdots & \vdots & & \vdots \\ {}_ir_{n1} & {}_ir_{n2} & \cdots & {}_ir_{nc} \end{bmatrix} = ({}_ir_{gh}) \tag{4-5}$$

设在 g、h 的搭配下，灌溉系统中 m 个指标的权向量为 $\boldsymbol{w} = ({}_1w, {}_2w, \cdots, {}_mw)^{\mathrm{T}}$，满足 $\sum\limits_{i=1}^{m}{}_iw = 1$。

得到 U、V 中元素对(g,h)搭配的相对优属度为

$$ u_{gh} = \frac{1}{1 + \left\{ \dfrac{\sum\limits_{i=1}^{m}[{}_iw(1 - {}_ir_{gh})]^p}{\sum\limits_{i=1}^{m}({}_iw \cdot {}_ir_{gh})^p} \right\}^{\frac{2}{p}}} \tag{4-6}$$

对于灌溉多指标系统论域 U、V 中搭配的 m 个模糊关系矩阵${}_i\boldsymbol{R}_{n\times c}$，用式(4-6)将 m 个矩阵中的对应元素逐个进行合成，得到灌溉系统对于综合效益优的模糊关系优选决策矩阵为

$$ \boldsymbol{U}_{n\times c} = \begin{bmatrix} u_{11} & u_{12} & \cdots & u_{1c} \\ u_{21} & u_{22} & \cdots & u_{2c} \\ \vdots & \vdots & & \vdots \\ u_{n1} & u_{n2} & \cdots & u_{nc} \end{bmatrix} = (u_{gh}) \tag{4-7}$$

其中，$g = 1, 2, \cdots, n$；$h = 1, 2, \cdots, c$。

根据隶属度最大原则，基于决策矩阵(4-7)对系统的每一时刻进行决策优选与决策的满意排序，即可得到渠井结合灌区灌溉多指标系统搭配的最优序贯决策与搭配的满意排序。

4.3　指标变权重确定的主、客观结合法

在渠井灌区，各指标的权重是随时间发生变化的，比如作物在生育初期耐盐力较弱，此时就要对防止次生盐碱化指标给予更多的关注；而且，由于地表水在年内来水存在不均匀性，为充分利用地表水、减少弃水，在不同的时间，适时适量灌溉指标的权重也应随实际情况发生变化。因此，在决策过程中，同一指标在不同的时期应给予不同的权重。由于指

标权重的确定直接影响最后的灌水决策,根据渠井灌溉系统的特点,一方面,决策者要依据经验、知识与实时灌溉的具体情况对确定指标权重直接参与;另一方面,决策者对指标权重的具体定量,常难以迅速地、科学地给定。为此,本书采用指标权重的主、客观相结合的方法来确定灌溉序贯模型中指标的变权重。首先按照交叉迭代的方法确定指标权向量的一个初始解,然后决策者根据作物生长要求、地表来水、地下水可开采量等具体情况对该初始解进行判断,若该解基本符合决策者的经验判断与偏好,则采用此权重对方案进行优选;否则,需根据指标间相对重要性,辅以决策者的经验知识,对初始权重进行调整。

对于任一搭配(g,h),为求解方案j的优属度,对给定的u、w,建立目标函数,即

$$\min\{\boldsymbol{f}(u,w)=(f_1(u_1,w),f_2(u_2,w),\cdots,f_n(u_n,w))\} \tag{4-8}$$

且满足$\sum_{i=1}^{m}w_i=1$,$\sum_{h'=1}^{c'}u_{h'j}=1$。

其中,c'为样本的m个指标特征的级别个数。

根据目标函数式(4-8)构造拉格朗日函数为

$$L(u,w,\lambda_1,\lambda_2)=\sum_{j=1}^{n}\sum_{h'=1}^{c'}u_{h'j}^2\sum_{i=1}^{m}[w_i(r_{ij}-s_{ih'})]^2-\lambda_1(\sum_{h'=1}^{c'}u_{h'j}-1)-\lambda_2(\sum_{i=1}^{m}w_i-1) \tag{4-9}$$

求解

$$\frac{\partial L}{\partial u_{h'j}}=0\quad\frac{\partial L}{\partial w_i}=0\quad\frac{\partial L}{\partial\lambda_1}=0\quad\frac{\partial L}{\partial\lambda_2}=0$$

得到模糊交叉迭代模型为

$$u_{h'j}=\left\{\sum_{k=1}^{c'}\frac{\sum_{i=1}^{m}[w_i(r_{ij}-s_{ih'})]^2}{\sum_{j=1}^{n}\sum_{h'=1}^{c'}[w_i(r_{ij}-s_{ik})]^2}\right\}^{-1} \tag{4-10}$$

$$w_i=\left\{\sum_{l=1}^{m}\frac{\sum_{j=1}^{n}\sum_{h'=1}^{c'}[u_{h'j}(r_{ij}-s_{ih'})]^2}{\sum_{j=1}^{n}\sum_{h'=1}^{c'}[u_{h'j}(r_{lj}-s_{lh'})]^2}\right\}^{-1} \tag{4-11}$$

由式(4-10)、式(4-11),循环迭代可得指标权重的初始解,具体步骤如下:

(1)给定迭代计算的精度ε_1、ε_2和级别c'值,为确定指标的初始权向量,可取$c'=2$,并假设指标i的优等模糊关系矩阵为

$${}_i\boldsymbol{G}_{n\times c}=\begin{bmatrix}1&1&\cdots&1\\1&1&\cdots&1\\\vdots&\vdots&&\vdots\\1&1&\cdots&1\end{bmatrix}=({}_ig_{gh})$$

劣等模糊关系矩阵为

$${}_i\boldsymbol{B}_{n\times c}=\begin{bmatrix}0&0&\cdots&0\\0&0&\cdots&0\\\vdots&\vdots&&\vdots\\0&0&\cdots&0\end{bmatrix}=({}_ib_{gh})$$

(2)任意给定 $\boldsymbol{w}_i^0=(w_1^0,w_2^0,\cdots,w_m^0)$,代入式(4-10),计算可得

$$\boldsymbol{u}_{h'j}^0=(u_{h'1}^0,u_{h'2}^0,\cdots,u_{h'n}^0)$$

(3)将 $u_{h'j}^0$ 代入式(4-11),计算得到权重向量 $\boldsymbol{w}_i^1=(w_1^1,w_2^1,\cdots,w_m^1)$。

(4)将权重向量 $\boldsymbol{w}_i^1$ 代入式(4-10),计算得到 $u_{h'j}^1$。

(5)逐个比较向量 $\boldsymbol{w}_i^1$ 与 $\boldsymbol{w}_i^0$ 的对应元素,若所有的 $|\boldsymbol{w}_i^1-\boldsymbol{w}_i^0|\leqslant\varepsilon_1$,且对应的 $|u_{h'j}^1-u_{h'j}^0|\leqslant\varepsilon_2$,则迭代结束,将 $\boldsymbol{w}_i^1$ 作为权重初始解;否则,将 $\boldsymbol{w}_i^1$ 作为输入,重复步骤(2)至步骤(5),直至得到权重初始解,文献[22]已证明了迭代的收敛性。

根据作物的生理特性、地表来水过程、地下水可开采量以及决策者的经验知识等对初始权重进行判断,若初始解基本符合决策者的判断,则将该初始解作为指标权向量,代入式(4-6)进行搭配方案的相对优属度计算;否则,需依据决策者的知识、经验与偏好,对该初始解进行调整。调整方法如下:

(1)将指标权向量的初始解 $\boldsymbol{w}_i^1=(w_1^1,w_2^1,\cdots,w_m^1)$ 除以最大权重值 $\max\limits_i w_i^1$,得到

$$\boldsymbol{w}'=\left(\frac{w_1^1}{\max\limits_i w_i^1},\frac{w_2^1}{\max\limits_i w_i^1},\cdots,\frac{w_m^1}{\max\limits_i w_i^1}\right)$$

(2)决策者据知识判断,是否接受 $\boldsymbol{w}'$ 中相对隶属度为 1 的指标,若不接受,则采用指标权重排序一致性定理对最重要指标的排序进行调整;

(3)判断是否接受其余指标的权重,如果不接受,则需依据语气算子与相对隶属度之间的关系,在 $\boldsymbol{w}'$ 的基础上,对初始权向量进行调整,并进行归一化处理。

具体的调整步骤与方法在实例中予以详细说明。

4.4 实　例

黄淮海平原的衡水湖灌区为渠井结合灌区,为对有限的水资源进行时空优化配水,需要选择适宜的灌溉方式,以取得最大的综合效益。

依据当地的农业特点,考虑 4 种灌溉方式:不灌、井灌、渠灌、渠井结合灌。综合效益考虑三个指标:①经济效益指标,以单位面积净产值来度量;②防止次生盐碱化指标,以适宜的地下水埋深作为衡量标准;③适时适量灌溉指标,以供水量与需水量间差值的绝对值最小作为衡量标准。为优选出灌溉序贯决策,此时,论域 $U=\{$不灌,井灌,渠灌,渠井结合灌$\}$,$V=\{1$ 月,2 月,$\cdots$,12 月$\}$,引用文献[62]的数据,得到 $U\times V$ 的关于指标①、②、③的笛卡儿乘积集。

经济效益指标的笛卡儿乘积集为

$${}_1\boldsymbol{X}=\begin{bmatrix}56.02 & 56.02 & 55.44 & 0 & 47.22 & 23.96 & 52.39 & 59.72 & 44.58 & 56.02 & 56.02 & 53.54\\ 50.52 & 50.52 & 56.60 & 91.76 & 64.82 & 76.48 & 59.69 & 78.34 & 66.06 & 50.53 & 50.52 & 58.53\\ 47.21 & 47.19 & 53.13 & 110.95 & 58.08 & 80.73 & 59.76 & 86.39 & 67.37 & 47.05 & 47.00 & 62.68\\ 48.48 & 48.47 & 53.68 & 102.07 & 59.10 & 77.04 & 59.72 & 82.92 & 66.74 & 48.35 & 48.31 & 61.09\end{bmatrix}$$

防止次生盐碱化指标的笛卡儿乘积集为

$$
{}_2X = \begin{bmatrix} 3.518 & 3.593 & 3.547 & 3.571 & 4.340 & 4.792 & 4.809 & 4.542 & 3.903 & 3.477 & 3.455 & 3.463 \\ 4.238 & 4.322 & 4.267 & 5.156 & 5.060 & 6.377 & 5.241 & 5.880 & 5.055 & 4.197 & 4.175 & 4.183 \\ 3.164 & 3.248 & 3.190 & 2.790 & 3.985 & 3.658 & 4.596 & 3.884 & 3.336 & 3.123 & 3.101 & 3.109 \\ 3.593 & 3.677 & 3.622 & 3.737 & 4.415 & 5.034 & 4.854 & 4.682 & 4.024 & 3.552 & 3.530 & 3.538 \end{bmatrix}
$$

适时适量灌溉指标的笛卡儿乘积集为

$$
{}_3X = \begin{bmatrix} 12.3 & 12.3 & 22.4 & 45.1 & 105.2 & 51.5 & 10.0 & 63.9 & 85.7 & 30.7 & 19.0 & 14.2 \\ 32.7 & 32.7 & 22.6 & 10.0 & 60.2 & 10.0 & 45.0 & 18.9 & 40.7 & 14.3 & 26.0 & 30.8 \\ 77.5 & 77.5 & 67.4 & 44.8 & 15.4 & 38.3 & 89.8 & 25.9 & 10.0 & 59.1 & 70.8 & 75.6 \\ 59.6 & 59.6 & 49.5 & 27.0 & 33.3 & 20.4 & 71.9 & 10.0 & 13.9 & 41.2 & 52.9 & 57.7 \end{bmatrix}
$$

经济效益指标为越大越优型指标，防止次生盐碱化指标为中间型指标，适时适量灌溉指标为越小越优型指标，对于矩阵${}_1X$、${}_2X$、${}_3X$分别采用式(4-2)～式(4-4)进行规格化，得到论域U、V关于指标①、②、③的模糊关系矩阵。

经济效益指标的模糊关系矩阵为

$$
{}_1R_{4\times12} = \begin{bmatrix} 0.51 & 0.51 & 0.5 & 0 & 0.43 & 0.22 & 0.47 & 0.24 & 0.40 & 0.51 & 0.51 & 0.48 \\ 0.46 & 0.46 & 0.51 & 0.83 & 0.58 & 0.69 & 0.54 & 0.71 & 0.60 & 0.46 & 0.46 & 0.53 \\ 0.43 & 0.43 & 0.48 & 1 & 0.52 & 0.73 & 0.54 & 0.78 & 0.61 & 0.42 & 0.42 & 0.57 \\ 0.44 & 0.44 & 0.48 & 0.92 & 0.53 & 0.69 & 0.54 & 0.75 & 0.60 & 0.44 & 0.44 & 0.55 \end{bmatrix}
$$

防止次生盐碱化指标的模糊关系矩阵为

$$
{}_2R_{4\times12} = \begin{bmatrix} 0.81 & 0.84 & 0.82 & 0.83 & 0.85 & 0.66 & 0.66 & 0.77 & 0.97 & 0.79 & 0.78 & 0.78 \\ 0.89 & 0.86 & 0.88 & 0.51 & 0.55 & 0 & 0.48 & 0.21 & 0.55 & 0.91 & 0.92 & 0.92 \\ 0.66 & 0.69 & 0.67 & 0.5 & 1 & 0.86 & 0.75 & 0.96 & 0.73 & 0.64 & 0.63 & 0.63 \\ 0.84 & 0.87 & 0.85 & 0.9 & 0.82 & 0.56 & 0.64 & 0.71 & 0.98 & 0.82 & 0.81 & 0.81 \end{bmatrix}
$$

适时适量灌溉指标的模糊关系矩阵为

$$
{}_3R_{4\times12} = \begin{bmatrix} 0.98 & 0.98 & 0.87 & 0.63 & 0 & 0.56 & 1 & 0.43 & 0.21 & 0.78 & 0.91 & 0.96 \\ 0.76 & 0.76 & 0.87 & 1 & 0.47 & 1 & 0.63 & 0.91 & 0.68 & 0.96 & 0.83 & 0.78 \\ 0.29 & 0.29 & 0.40 & 0.63 & 0.94 & 0.70 & 0.16 & 0.83 & 1 & 0.48 & 0.36 & 0.31 \\ 0.48 & 0.48 & 0.59 & 0.82 & 0.76 & 0.89 & 0.35 & 1 & 0.96 & 0.67 & 0.55 & 0.50 \end{bmatrix}
$$

4.4.1 确定指标权向量

给定迭代精度$\varepsilon_1=\varepsilon_2=0.0001$，对于每一搭配对$(g,h)$，采用迭代式(4-10)和式(4-11)计算指标初始权向量。设$w_i^0=\{1/3,1/3,1/3\}$，经过迭代，得到满足迭代精度要求的多指标模糊关系的初始权矩阵为

$$
w_{3\times12} = \begin{bmatrix} 0.12 & 0.10 & 0.12 & 0.48 & 0.37 & 0.44 & 0.32 & 0.42 & 0.35 & 0.11 & 0.13 & 0.17 \\ 0.70 & 0.75 & 0.65 & 0.24 & 0.21 & 0.24 & 0.40 & 0.22 & 0.24 & 0.57 & 0.63 & 0.63 \\ 0.18 & 0.15 & 0.23 & 0.28 & 0.42 & 0.32 & 0.28 & 0.36 & 0.41 & 0.32 & 0.24 & 0.20 \end{bmatrix}
$$

由指标初始权向量，决策者可根据实际情况进行调整。例如，在1月份，作物在此阶段抵抗盐碱的能力相对较强，对于指标②不必给予太多的关注，综合经验知识认为：指标初始权向量的重要性排序是合适的，但指标②的权重偏高，指标①、③的权重偏低，此时需对该月份指标权重(0.12,0.70,0.18)进行调整，为此将指标初始权向量中的元素除以其中最大元素值0.70，得到指标非归一化初始权向量(0.17,1.0,0.26)，应用语气算子与相对隶属度

的关系(见表 4-1),增大指标①和指标③的权重,经决策者的慎重考虑,认为重要性排序①的指标②与指标①相比“较为重要”,与指标③相比较“稍稍重要”,应用表 4-1,其相应的相对隶属度分别为 0.538、0.818,由此将非归一化指标初始权向量调整为(0.538,1.0,0.818),归一化得到调整后的指标权向量为 $\boldsymbol{w}^* = (0.23,0.42,0.35)$。又如,在 10 月份,依据小麦在苗期的抗盐碱能力弱,对指标②要给予更多的关注,权重要大一些,由此判断三个指标的权重排序(0.11,0.57,0.32)基本符合决策者的偏好,不必进行调整。对于论域 V 中的其余月份,均进行同样的判断与相应调整,得到最后的模糊关系的权矩阵为

$$\boldsymbol{W}^* = \begin{bmatrix} 0.23 & 0.23 & 0.50 & 0.48 & 0.37 & 0.44 & 0.32 & 0.28 & 0.43 & 0.43 & 0.32 & 0.10 \\ 0.42 & 0.42 & 0.17 & 0.24 & 0.21 & 0.24 & 0.40 & 0.25 & 0.14 & 0.57 & 0.35 & 0.46 \\ 0.35 & 0.35 & 0.33 & 0.28 & 0.42 & 0.32 & 0.28 & 0.47 & 0.43 & 0.32 & 0.33 & 0.44 \end{bmatrix}$$

表 4-1　语气算子与风险指标相对隶属度关系

语气算子	同样	稍稍	略为	略为与较为之间	较为	明显	十分	无比可拟
θ 值 ($n\theta_f$)	0.95 ~ 1.0	0.9 ~ 0.95	0.85 ~ 0.9	0.8 ~ 0.85	0.75 ~ 0.8	0.7 ~ 0.75	0.65 ~ 0.7	0.6 ~ 0.65
${}_2a_j$ 值	0.50	0.55	0.60	0.625	0.65	0.70	0.80	1.0

4.4.2　计算优属度,寻求最优的灌溉方式

当 $p=2$ 时,应用式(4-6)对模糊关系矩阵进行综合计算,得到多指标灌溉方式选择系统模糊关系综合矩阵为

$$\boldsymbol{U} = \begin{bmatrix} 0.93 & 0.94 & 0.72 & 0.22 & 0.20 & 0.31 & 0.78 & 0.41 & 0.24 & 0.92 & 0.86 & 0.96 \\ 0.90 & 0.89 & 0.73 & 0.93 & 0.55 & 0.71 & 0.56 & 0.82 & 0.75 & 0.98 & 0.85 & 0.95 \\ 0.50 & 0.77 & 0.44 & 0.92 & 0.89 & 0.89 & 0.58 & 0.96 & 0.90 & 0.69 & 0.47 & 0.47 \\ 0.75 & 0.94 & 0.57 & 0.98 & 0.80 & 0.86 & 0.58 & 0.97 & 0.89 & 0.91 & 0.69 & 0.77 \end{bmatrix}$$

按列分析模糊关系综合矩阵 $\boldsymbol{U}$,根据隶属度最大原则优选,比如,矩阵 $\boldsymbol{U}$ 的第一列为(0.93,0.90,0.50,0.75),其中 0.93 最大,它与不灌决策相对应,因此 1 月的决策为不灌,对其余各列进行优选,得到该灌区的灌溉序贯决策为:1 月不灌,2 月不灌,3 月井灌,4 月渠井结合灌,5 月渠灌,6 月渠灌,7 月不灌,8 月渠井结合灌,9 月渠灌,10 月井灌,11 月不灌,12 月不灌。

对以上结果进行分析,可见该决策与农业灌溉实际吻合较好,但与文献[62]中在某些月份上有区别,这主要是由于本章所采用的权重是变权重,而文献[62]中采用的是等权重,由于权重不同而引起模型的不同,从而导致决策的不同。但从农业灌溉的角度考虑,本书的结果更为合理。

4.5　小　结

本章基于多指标模糊关系优选模型,从一个新的角度进行灌溉方式优选,提出渠井灌

区配水序贯多指标变权重模糊决策方法，并按照序贯理论与模糊优选相结合的方法，确定各月最佳的灌溉方式，使各月的决策都能最大限度地满足经济效益最大、防止次生盐碱化和适时适量灌溉的要求。

以往的模糊优选及模式识别研究中，一般都是将权重作为一个定量值在优选过程中考虑，本次研究结合灌溉的实际情况，提出了指标变权重的概念，并采用较为合理的主、客观相结合的方法来确定灌溉指标的变权重，加入了专家的意见，符合农业生产的实际情况，增强了模型的适应能力，通过权重的检验与调整，建立了与实际情况相符的有效模式，为渠井灌区复杂系统灌溉方式的选择与联合调度的实施提供了一种方法。变权重的思想不仅可用于灌溉方案选择，也适用于涉及时间问题的优化与识别问题的研究。

该方法只是解决了联合调度的初步问题，能够获得各月的灌溉方式，但在联合调度过程中，不仅要知道具体的灌溉方式，还要确定合理的地表水、地下水的配水比例，如何将地表来水过程与序贯理论相结合确定出合理的配水比例还有待进一步的工作和研究。

第5章 复杂水资源系统的随机多维模糊优选动态方法及其在作物灌溉制度中的应用

5.1 动态规划及其存在问题

动态规划是运筹学的一个分支,20世纪50年代初美国数学家R. E. Bellman等在研究多阶段决策过程的优化问题时,提出了著名的最优化性原理,把多阶段过程转化为一系列互相联系的单阶段问题,然后逐个求解,创立了解决这类过程优化问题的新方法——动态规划。对许多问题的求解,采用动态规划的方法处理,常比线性规划或非线性规划更有成效,特别是对于离散性的问题,由于它不像线性规划那样有一个标准的数学表达式和明确定义的一组规则,因此一些解析数学无法解决的问题,采用动态规划就非常有效。目前,动态规划已被广泛用于工程、经济、管理等多个领域,在多阶段优化与决策问题上发挥了重要的作用。

贝尔曼创立的动态规划理论与技术,是求解多阶段的有效优化技术及方法,但动态规划只是成功地解决了单目标优化问题,而对于多目标优化决策问题,运筹学中常采用以下几种方法进行非劣解的求解。

(1)化多为少的方法,这种方法又分为主要目标法、线性加权法、平方和加权法。其中,主要目标法是以某个目标为主要目标,而其他目标只满足一定规格要求即可;线性加权法是对各目标分别给以权系数,然后建立单个新的目标函数,将多目标问题转化为单目标问题进行求解,许多人在这方面作了有益的尝试,这种方法的难点是如何找到合理的权系数,使多个目标用同一尺度统一起来,同时所找到的最优解又是向量极值的好的非劣解;平方和加权法是假设有最优解,这时使所有目标与最优值的差值的平方和最小来寻求非劣解。

(2)分层序列法是把一个多目标问题逐步转换成单目标问题,借助于单目标方法来求解,其基本思路是:将诸目标函数按其重要程度排成一个次序,然后分别在求解前一个目标函数最优解的基础上,求解后一个目标函数的最优解,并把最后一个目标函数的最优解作为多目标问题的最优解。

(3)直接求非劣解法是将多目标最优化问题转换为一个或一系列单目标最优化问题,把对后者求得的解作为多目标问题的解,这种解往往是非劣解。当这些解都找到后,就可供决策者作最后的选择。

对于复杂的水资源系统,常常要求根据被控制过程的有限信息,作出多阶段过程的最优决策,并且决策的满意度往往取决于多个方面,涉及自然、社会、经济、技术等多个复杂的相互联系但又彼此制约的因素或目标,若采用以上几种经典的动态规划以及在动态规划的递推过程中应用经典的多目标规划方法，求出复杂系统的最优均衡解就有一定的难度。

陈守煜将动态规划理论与模糊优选模型相结合，提出了多目标模糊优选动态规划理论与模型，成功地解决了多目标优化问题，为了进一步解决涉及时间推移的“动态”问题，本书第 2 章提出了多维多目标的模糊优选动态规划。不足的是，上述工作都是将输入作为确定性过程，即以一定频率的典型年来水过程作为输入所作出的优选决策。陈守煜、邱林考虑到入库径流的随机性，提出了 MOFOSDP 与 MOFOPOA 相结合的多目标水库适时优化调度模型，不足的是没有考虑多种水源问题和多维问题。

在对实际水资源系统进行规划设计过程中，一般采用概率模拟的处理手段来作出决策，只考虑某一给定量级事件发生的概率，而对过程中的时序关系则完全不考虑或考虑很少。因此，不同频率典型年的选取对模型的决策结果影响甚大，导致系统决策只能用于设计目的而不能用于运行目的。

对于只涉及定量目标的复杂水资源系统，在进行调度时，能够通过常规的处理手段，设法找到最优均衡解，而对于涉及大量定性目标的复杂水系统就无法进行解决，考虑到水文过程是依赖于机遇和时间的过程，在第 2 章的基础上，本章提出了复杂水资源系统的随机多维模糊优选动态规划方法，并将该方法应用于考虑随机降雨情况下，农作物的多目标非充分灌溉制度的制定，建立了随机条件下作物多目标非充分灌溉制度优化模型，通过对实际农业灌溉制度的研究，取得了满意的结果，可为农业灌溉的实施提供理论指导和依据。

5.2　随机系列的生成

由于设计和规划与自然界未来的随机事件有关，而随机系列的模拟是建立在统计资料的基础上，因此首先需要判断所研究系列是否具有时序上的相依性和空间上的相关性，系列的相依性和相关性可采用相关分析、频谱分析、运行分析以及全距分析等来校验。对于相依性随机成分，一般用自回归模型来模拟生成随机系列；而独立随机成分，采用概率分布来模拟生成随机系列。

由于离散型时间序列更易于在数字计算机上掌握和操作，在水文实际应用上，主要考虑的是离散型的。对于相依性随机系列的自回归模拟，自塞姆思（Thomas）、费营（Fiering）和叶菲耶维奇（Yevjevich）将马尔可夫自回归模型引入年月径流序列模拟以后，现已被广泛应用于各种水文序列的预报和模拟。即认为水文序列在 $t+1$ 时段系统所处（随机变量）状态 $X(t+1)=j$ 的概率，仅与该系统在前一时段所处状态 $X(t)=i$ 有关，而与系统在时段 t 以前的历史无关，记可能发生时间为 $t_1,t_2,\cdots,t_n$，则其转移概率表示为

$$p\{x_{t+1}=j\mid x_t=i\}=p_{ij}\quad (i,j=1,2,\cdots,n) \tag{5-1}$$

进行随机生成时，根据研究问题的具体情况，将数据序列分为若干种状态，记为 $H_1,H_2,\cdots,H_n$，数据序列从状态 H_i 经过 m 步转移到 H_j 的概率记为 $p_{ij}(m)$，则

$$p_{ij}(m)=\frac{M_{ij}(m)}{M_i} \tag{5-2}$$

式中：$M_{ij}(m)$ 为由状态 H_i 经过 m 步转移到状态 H_j 的观测样本数据的次数；M_i 为处于状

态 H_i 的样本数。

由式(5-2)可以得到 m 阶的状态转移矩阵 $\boldsymbol{P}(m)$ 为

$$\boldsymbol{P}(m)=\begin{bmatrix} p_{11}(m) & p_{12}(m) & \cdots & p_{1n}(m) \\ p_{21}(m) & p_{22}(m) & \cdots & p_{2n}(m) \\ \vdots & \vdots & & \vdots \\ p_{n1}(m) & p_{n2}(m) & \cdots & p_{nn}(m) \end{bmatrix}=p_{ij}(m) \tag{5-3}$$

状态转移矩阵 $\boldsymbol{P}(m)$ 反映了系统内各状态之间转移的规律,具有以下性质:$p_{ij}(m)\geqslant 0$,$\sum\limits_{j\in I}p_{ij}(m)=1$($I$ 表示状态空间)。

当影响水文现象的主要因素如气候、下垫面等相对稳定时,水文序列可以近似作为平稳随机序列,可通过状态转移概率矩阵 $\boldsymbol{P}(h)$,应用马尔可夫链的平稳分布方程来预测系统未来状态的可能转向:$p_j=\sum\limits_{i\in I}p_i p_{ij}(m)$,$\{p_j,\ j\in I\}$ 为马尔可夫链的平稳分布。

由以上方法即可生成所需要的随机系列。某一给定初始状态下所有可能状态分布的转移概率分布的集合就构成了此状态下的随机干扰集。

5.3 随机多维模糊优选动态规划方法

在确定性决策过程中,对于给定的初始状态和决策序列,按照状态转移方程得到的状态序列构成一条确定的轨线,在这条轨线上定义的目标函数是确定的数值。随机性决策过程与确定性过程的区别在于以下两个方面:

(1)过程演变时随机因素的存在使得状态转移是以转移概率形式确定的,即使给定初始状态和初始决策,下一阶段的状态也不能确定,不能构成确定的轨线,最优策略应从每个阶段所有状态的决策函数集合中寻求。

(2)确定性过程中的目标函数已没有意义,随机性过程的目标函数应取它对转移概率分布的期望值。

在对复杂水资源进行决策的过程中,经常会遇到两种不同的情况:一种是全部阶段全体方案在所有状态下的第 i 个目标特征值的最大值、最小值或者所有状态下方案集目标的中间最优值是已知的,另一种是全部阶段全体方案所有决策任一目标特征值的最大值、最小值无从知道,或是由于实际问题物理意义上的限制而不能采用统一的评价标准。对于这两种不同的情况,需要采用以下两种不同的解决办法。

5.3.1 随机多维决策序列相对优属度总和最大法

设有 K 维 T 个阶段 m_1 个定量目标和 m_2 个定性目标的随机动态规划问题。设第 t 阶段的 n 个方案在第 k 维的 m 个目标特征值矩阵为 ${}_t\boldsymbol{x}_{ij}^k$,为消除目标特征值量纲和量级上的差别,需要进行规格化处理。对于 m_1 个定量目标,分别采用以下规格化公式进行相对优属度变换:

越大越优型

$${}_t r_{ij}^k=\frac{{}_t\boldsymbol{x}_{ij}^k}{\max\limits_{t,j,k}\boldsymbol{x}_{ij}^k} \tag{5-4}$$

$$\varphi_t^*(s_{t-1}) = F.\underset{d_t}{opt}\{E_{w_t}(\varphi_t(s_{t-1},d_t,w_t) \otimes \varphi_{t-1}^*(s_{t-2}))\}(t > 1) \tag{5-19}$$

$$\varphi_1^*(s_0) = F.\underset{d_1}{opt}\{E_{w_1}(\varphi_1(s_0,d_1,w_1))\}\ (t = 1) \tag{5-20}$$

随机多维决策序列相对优属度总和最大法计算简便，适用于所有阶段所有 K 维所有 m 个定量指标的最大最优目标、最小最优目标和中间最优目标特征值已知的情况，是下面的阶段模糊优选的一种特例。

5.3.2 随机多维多目标阶段模糊优选方法

在复杂水资源系统中，除要考虑水文现象的模糊性与随机性，在多阶段问题中经常会遇到涉及时间推移的"动态"问题，由于全部阶段全体方案所有决策任一目标特征值的最大值、最小值无从知道，或是由于实际问题物理意义上的限制而不能采用统一的标准，此时就无法应用随机多维决策相对优属度总和最大法进行求解。为此，本书提出适用于求解"动态"多阶段优选问题的随机多维多目标阶段模糊优选动态规划方法。

由于没有统一的目标特征值的最大值 $\max\limits_{t,j,k} x_{ij}^k$、最小值 $\min\limits_{t,j,k} x_{ij}^k$，故无法求出第 k 维第 t 阶段方案 j 作决策 ${}_t d_j^k$ 时目标 i 的相对优属度。对于这种情况，本书提出采用多维多目标阶段模糊优选与多维动态规划相结合的方法求解。可以先将多维问题降维，如引入拉格朗日算子、逐次逼近等，其中，逐次逼近法是求多元函数极值的一种数值方法，是轮流让一个变元变动而其他变元都固定在已得到的最优值上，求解一元函数的极值问题，从而逐次地逼近多元函数的极值点，可以用来求解状态为多维变量的动态规划；然后采用阶段模糊优选理论进行求解；也可以采用疏密网格法，以指标相对优属度最大为目标进行求解。

为论述方便，以二维问题为例进行研究。设一多维模糊优选模型在任一阶段 t，具有两个状态变量 ${}_{t-1}s_1$、${}_{t-1}s_2$，对应有两个决策变量 ${}_t d_j^1$、${}_t d_j^2$，有 m 个目标且目标权重为 $\boldsymbol{w}' = (w_1', w_2', \cdots, w_m')$，满足 $\sum\limits_{i=1}^{m} w_i' = 1$，欲寻求最优决策序列 $D_1^* = {}_t^* d_j^1$ 和 $D_2^* = {}_t^* d_j^2$。当采用阶段模糊优选动态规划与动态规划的逐次逼近（DPSA 法）相结合的方法时，求解该模型的具体步骤如下：

第一步，将满足约束条件的状态 $\boldsymbol{S}_2^0 = ({}_0 s_2^0, {}_1 s_2^0, \cdots, {}_T s_2^0) = ({}_{t-1} s_2^0)\ (t = 1, 2, \cdots, T)$ 固定下来，作为已知的虚拟轨迹，则原问题就变为仅有一个决策变量 $D_1 = {}_t d_j^1$ 和一个状态变量 $S_1 = ({}_{t-1} s_{1j})\ (j = 1, 2, \cdots, n_t)$ 的随机多目标问题，此时，采用阶段模糊优选的方法进行求解。设 $p_j(w_t^1 \mid {}_t d_j^1, {}_{t-1} s_{1,j})$ 表示阶段 t 方案 j 的初始状态为 ${}_{t-1} s_{1,j}$ 时的随机干扰集 w_t^1。

采用后向递推时，设目标 i 面临阶段 t，当初始状态为 ${}_{t-1} s_{1,k}$ 时，随机状态下目标特征值矩阵 ${}_t\boldsymbol{F}({}_{t-1} s_{1,j}, {}_t d_j^1, w_t^1)_{m \times n_t}$ 与后向阶段局部最优多目标特征值矩阵 ${}_{t+1}^{*}\boldsymbol{X}({}_t s_{1,k})_{m \times n_t}$ 在同一决策相应状态下的对应合成矩阵的期望为多目标后向递推矩阵

$$
{}_t\boldsymbol{X}({}_{t-1} s_{1,k})_{m \times n_t} = E_{w_t^1}\left\{\begin{bmatrix}
{}_t f_{11}({}_{t-1} s_{1,k}) & {}_t f_{12}({}_{t-1} s_{1,k}) & \cdots & {}_t f_{1n_t}({}_{t-1} s_{1,k}) \\
{}_t f_{21}({}_{t-1} s_{1,k}) & {}_t f_{22}({}_{t-1} s_{1,k}) & \cdots & {}_t f_{2n_t}({}_{t-1} s_{1,k}) \\
\vdots & \vdots & & \vdots \\
{}_t f_{m1}({}_{t-1} s_{1,k}) & {}_t f_{m2}({}_{t-1} s_{1,k}) & \cdots & {}_t f_{mn_t}({}_{t-1} s_{1,k})
\end{bmatrix} \otimes\right.
$$

$$\left.\left.\begin{bmatrix} {}_{t+1}^{\;\;*}x_{11}({}_t s_{1,1}) & {}_{t+1}^{\;\;*}x_{12}({}_t s_{1,2}) & \cdots & {}_{t+1}^{\;\;*}x_{1n_t}({}_t s_{1,n_t}) \\ {}_{t+1}^{\;\;*}x_{21}({}_t s_{1,1}) & {}_{t+1}^{\;\;*}x_{22}({}_t s_{1,2}) & \cdots & {}_{t+1}^{\;\;*}x_{2n_t}({}_t s_{1,n_t}) \\ \vdots & \vdots & & \vdots \\ {}_{t+1}^{\;\;*}x_{m1}({}_t s_{1,1}) & {}_{t+1}^{\;\;*}x_{m2}({}_t s_{1,2}) & \cdots & {}_{t+1}^{\;\;*}x_{mn_t}({}_t s_{1,n_t}) \end{bmatrix}\right]\right\} \tag{5-21}$$

式中:⊗为目标合成算子。

即

$${}_tX({}_{t-1}s_{1,j}) = E_{w_t^1}[F({}_{t-1}s_{1,j}, {}_td_j^1, w_t^1) \otimes {}_{t+1}^{\;\;*}X({}_ts_{1,j})] \tag{5-22}$$

此时的状态转移关系为

$${}_ts_{1,j} = \psi_t({}_{t-1}s_{1,j}, {}_td_j^1, w_t^1) \tag{5-23}$$

表示在初始状态一定的条件下,所作出的 n_t 个决策$({}_td_1^1, {}_td_2^1, \cdots, {}_td_{n_t}^1)$,由状态转移关系,相应地有阶段 t 的 n_t 个终了状态$({}_ts_{1,1}, {}_ts_{1,2}, \cdots, {}_ts_{1,n_t})$的转移概率。

对于 m_1 个定量指标,应用目标相对优属度公式,即

$${}_tr_{ij}({}_{t-1}s_{1,k}) = \frac{{}_tx_{ij}({}_{t-1}s_{1,k})}{\max\limits_j {}_tx_{ij}({}_{t-1}s_{1,k})} \tag{5-24}$$

$${}_tr_{ij}({}_{t-1}s_{1,k}) = \frac{\min\limits_j {}_tx_{ij}({}_{t-1}s_{1,k})}{{}_tx_{ij}({}_{t-1}s_{1,k})} \tag{5-25}$$

分别对越大越优型、越小越优型目标进行规格化,此时$\max\limits_j {}_tx_{ij}({}_{t-1}s_{1,k})$、$\min\limits_j {}_tx_{ij}({}_{t-1}s_{1,k})$分别为阶段 t 所有状态下,全体方案目标 i 的最大特征值和最小特征值。

对于 m_2 个定性指标,确定决策为${}_td_j^1$ 时,目标对优越性的相对优属度的方法同2.1节。

用以上方法将后向递推矩阵${}_t\boldsymbol{X}({}_{t-1}s_{1,k})_{m\times n_t}$转换为目标相对优属度矩阵为

$$\begin{aligned} {}_t\boldsymbol{R}({}_{t-1}s_{1,k})_{m\times n_t} &= \begin{bmatrix} {}_tr_{11}({}_{t-1}s_{1,k}) & {}_tr_{12}({}_{t-1}s_{1,k}) & \cdots & {}_tr_{1n_t}({}_{t-1}s_{1,k}) \\ {}_tr_{21}({}_{t-1}s_{1,k}) & {}_tr_{22}({}_{t-1}s_{1,k}) & \cdots & {}_tr_{2n_t}({}_{t-1}s_{1,k}) \\ \vdots & \vdots & & \vdots \\ {}_tr_{m1}({}_{t-1}s_{1,k}) & {}_tr_{m2}({}_{t-1}s_{1,k}) & \cdots & {}_tr_{mn_t}({}_{t-1}s_{1,k}) \end{bmatrix} \\ &= ({}_tr_{ij}({}_{t-1}s_{1,k})) \end{aligned} \tag{5-26}$$

应用两级模糊优选模型,得阶段 t 方案 j 初始状态为${}_{t-1}s_{1j}$,决策为${}_td_j^1$ 时,随机性过程的阶段多目标相对优属度为

$${}_tU_j({}_{t-1}s_{1,k}) = \frac{1}{1 + \left\{\dfrac{\sum\limits_{i=1}^{m}[{}_tw_i'(1 - {}_tr_{ij}({}_{t-1}s_{1,j}))]^p}{\sum\limits_{i=1}^{m}[{}_tw_i' \cdot {}_tr_{ij}({}_{t-1}s_{1,j})]^p}\right\}^{2/p}} \tag{5-27}$$

根据最大隶属原则,按 $\max\{{}_tU_j({}_{t-1}s_{1,k})\}$ 可得阶段 t 初始状态为${}_{t-1}s_{1,k}$时的一个局部最优多目标特征值向量,即

$${}_t^*\boldsymbol{x}_j({}_{t-1}s_{1,k}) = ({}_t^*x_{1j}({}_{t-1}s_{1,k}), {}_t^*x_{2j}({}_{t-1}s_{1,k}), \cdots, {}_t^*x_{mj}({}_{t-1}s_{1,k})) \tag{5-28}$$

对所有的初始状态都进行类似计算,得阶段 $t-1$ 的后向阶段局部最优多目标矩阵为

$$_t^*\boldsymbol{X}_j(_{t-1}s_{1,k})_{m\times n_{t-1}} = (_t^*x_{ik}(_{t-1}s_{1,k})) = (_t^*x_{ij}(_{t-1}s_{1,j}))$$

其中,$i=1,2,\cdots,m;k=1,2,\cdots,n_{t-1}$。

比较矩阵$_t^*\boldsymbol{X}(_{t-1}s_{1,j})_{m\times n_{t-1}}$与$_{t+1}^*\boldsymbol{X}(_ts_{1,j})_{m\times n_t}$可知,$_t^*\boldsymbol{X}(_{t-1}s_{1,j})_{m\times n_{t-1}}$为阶段$t-1$的后向阶段局部最优多目标特征值合成矩阵,可由后向递推矩阵用两级模糊优选模型求解。即

$$_t^*\boldsymbol{X}(_{t-1}s_{1,j})_{m\times n_{t-1}} = \underset{j=1,2,\cdots,n_{t-1}}{F.\,opt} E_{w_t^1}\{_t\boldsymbol{F}(_{t-1}s_{1,j})_{m\times n_t} \otimes _{t+1}^*\boldsymbol{X}(_ts_{1,j})_{m\times n_t}\} \tag{5-29}$$

从以上过程可以得到整个后向递推的基本方程为:

当$t<T$时

$$_t^*X(_{t-1}s_{1,j}) = \underset{j=1,2,\cdots,n_{t-1}}{F.\,opt}\{E_{w_t^1}(_tF(_{t-1}s_{1,j},{_td_j^1},w_t^1)\otimes _{t+1}^*X(_ts_{1,j}))\} \tag{5-30}$$

当$t=T$时

$$_T^*X(_{T-1}s_{1,j}) = \underset{j=1,2,\cdots,n_{T-1}}{F.\,opt}\{E_{w_T^1}(_TF(_{T-1}s_{1,j},{_Td_j^1},w_T^1))\} \tag{5-31}$$

对于阶段t的任一种初始状态$_{t-1}s_{1,j}$,都有n_t个决策$_td_j^1$,则对每一种初始状态$_{t-1}s_{1,j}$组成阶段t的多目标阶段期望效益$_tX(_{t-1}s_{1,j})$,用式(5-24)、式(5-25)将该矩阵转变为多目标相对隶属度矩阵,用模糊优选模型(5-27)确定局部最优多目标特征值向量,并将该计算过程记为$F.\,opt\{_tX(_{t-1}s_{1,j})\}$,对所有的$n_{t-1}$种初始状态都进行$F.\,opt$运算,可得到阶段$t-1$后向阶段局部最优多目标矩阵。

后向逆序求解从最末阶段T开始,采用式(5-30)、式(5-31)后向递推直至第1阶段,根据初始状态,确定第1阶段的最优决策与最优多目标期望合成值向量$\boldsymbol{X}_1^*$。按后向递推的状态转移关系,顺序求解最优策略$D_1^*=\{_1d_1^*,{_2d_1^*},\cdots,{_Td_1^*}\}$和最优状态系列$S_1^*=\{_0s_1^*,{_1s_1^*},\cdots,{_Ts_1^*}\}$。

第二步,固定第一步优化结果$\boldsymbol{F}_1^*$及最优状态系列S_1^*和最优决策系列D_1^*,再以$S_2=(_{t-1}s_{2,j})$作为状态变量,$D_2={_td_j^2}$作为决策变量,运用第一步的方法进行优选求解,此时目标相对优属度矩阵为$_t\boldsymbol{R}(_{t-1}s_{2,k})_{m\times n_t}=(_tr_{ij}(_{t-1}s_{2,k}))$,采用式(5-27)进行阶段多目标相对优属度计算,此时式中的$_tr_{ij}(_{t-1}s_{1,k})$变为$_tr_{ij}(_{t-1}s_{2,k})$。用w_t^2表示阶段t方案j的初始状态为$_{t-1}s_{2,j}$时的随机干扰集,根据最大隶属原则,当采用后向递推求解时,求解过程简记为:

当$t<T$时

$$_t^*X(_{t-1}s_{2,j}) = \underset{j=1,2,\cdots,n_{t-1}}{F.\,opt}\{E_{w_t^2}(_tF(_{t-1}s_{2,j},{_td_j^2},w_t^2)\otimes _{t+1}^*X(_ts_{2,j}))\} \tag{5-32}$$

当$t=T$时

$$_T^*X(_{T-1}s_{2,j}) = \underset{j=1,2,\cdots,n_{T-1}}{F.\,opt}\{E_{w_T^2}(_TF(_{T-1}s_{2,j},{_Td_j^2},w_T^2))\} \tag{5-33}$$

自第T阶段,逆向递推,顺序决策,求得在状态系列S_1^*、决策系列D_1^*一定的条件下,以S_2为状态变量时最优的决策$D_2^*=\{_1d_2^*,{_2d_2^*},\cdots,{_Td_2^*}\}$和最优状态系列$S_2^*=\{_0s_{2,1}^*s_2^*,\cdots,{_Ts_2^*}\}$。

第三步,比较第一步和第二步的计算结果,如果第一步的虚拟轨迹$\boldsymbol{S}_2^0=(_0s_2^0,{_1s_2^0},\cdots,{_Ts_2^0})$与第二步的优化结果$S_2^*=\{_0s_2^*,{_1s_2^*},\cdots,{_Ts_2^*}\}$不同,则以第二步的优选结果$S_2^*$作为第一步的试验轨迹,重复上述优化计算,直到相邻两步计算所得到的多目标合成值($\boldsymbol{F}_1^*,\boldsymbol{F}_2^*$)和状态序列相同时(允许精度范围内),此时的决策系列D_1^*、D_2^*即为对应方案的最优决策。

以上是以后向递推建立的复杂水资源的随机多维多目标的模糊优选动态规划模型的解法,对前向递推也类同。当多维变一维时,只需执行第一步。本章虽只给出了二维问题的求解,但由二维问题的求解可以推广到更多维问题的求解。

5.4　作物非充分灌溉制度设计的随机多维模糊优化模型

由于农业水资源的日益紧张与不足,高水平的灌溉用水管理是节约用水、提高灌区农业产量、充分发挥灌溉工程效益的重要环节。

灌溉用水管理的核心是实行计划用水,而指导计划用水的依据是用水计划。我国制定的常规用水计划属于“静态”用水计划,即统计调度,就是利用系统长期历史观测资料和数学规划模型,对灌区进行长期运行模拟,从而获得长期的最佳运行策略。

“静态”用水计划是根据历史资料,选定几种典型水文年,针对典型年的气象、水文情况,制定出当年的用水计划,而在执行过程中,由于实际的气象、水文、作物及田间水分状况等因素不可能与典型年情况完全相同, 这就使编制的用水计划往往与实际灌溉要求不符。

为了提高灌溉计划的可靠性、预见性和灌溉水的利用率,减少水资源的浪费和供需矛盾以及水量损失与纠纷,周振民提出了灌区实施灌溉供水模型研究,将灌区内作物概化为水稻和旱作物两种,分别以水量平衡原理和土壤水分模拟理论为基础,建立了稻田和旱作物灌溉供水计算模型,根据预测的随机信息和实时调度模型对灌区水资源系统进行模拟,从而获得实时最佳运行策略,指导灌区水资源的调度,可实现对灌区进行实时计算操作,采用该动态用水计划指导灌溉用水,可在一定程度上达到节水、高产、高效益的目的。肖俊夫等也在灌区实施用水计划上进行了研究。但以上模型中讨论的均是灌区水量充沛,进行充分灌溉的情况,不涉及灌区水资源有限时和存在作物间争水时的水量分配问题。

2000 年,茆智等在分析作物需水量与气象条件和非气象条件(主要是植物条件以及土壤条件)之间关系的基础上,提出了根据天气类型、作物绿叶覆盖率和土壤有效含水率 3 项因素进行作物需水量实时预报的方法与模型,但考虑的仍是灌区充分供水的情况,仅适用于按需供水的灌区,不涉及有限水量的优化配水问题。

近年来,由于灌区水资源的日益紧张,对作物进行充分灌溉,按照作物的生长需要适时适量地进行灌水已受到限制,或者已变得不现实。为寻求较高的灌溉水分生产效率,缓解农业水资源危机,人们开始对作物进行非充分灌溉研究,非充分灌溉已成了缓解农业水资源危机的有效手段与技术。

对作物进行非充分灌溉制度的研究已有不少,理论上也比较合理与完善。由于多以追求作物最终产量或净效益最大为目标,在计算过程中只给出了控制土壤含水率的上下限指标,模型多以凋萎点附近含水率作为控制灌溉的土壤含水率下限指标,因此优化的结果极易导致作物在敏感性指数小的阶段,根系土壤的含水率趋近于凋萎系数,虽然最大限度地提高了水分生产效率,同时也伴随着较大的种植风险。

为此,第 2 章建立了考虑作物种植风险指标时,非充分灌溉制度的多目标优化模型。但该模型是确定频率年的,不利于在实际生产中实施。在此基础上,本章提出了考虑随机降雨情况下,作物非充分灌溉制度的多目标优化设计,模型描述如下。

5.4.1 阶段变量

将作物全生育期按生育阶段划分为 T 个阶段，以生育阶段数作为阶段变量 t $(t=1,2,\cdots,T)$。

5.4.2 状态变量

状态变量有 t 阶段初可用于分配的灌溉水量 Q_{t-1}、阶段初计划湿润层的土壤含水量 S_{t-1} 和阶段的随机有效降雨量 ${}_tp_0$。Q_{t-1}、S_{t-1} 的计算同第 2 章，${}_tp_0$ 按 6.2 节的方法生成，具体见实例。

5.4.3 决策变量

决策变量为阶段灌水量 ${}_td_j$。

5.4.4 系统方程

5.4.4.1 水量分配方程

水量分配方程为

$$ {}_tQ_j = {}_{t-1}Q_j - {}_td_j $$

5.4.4.2 田间水量平衡方程

田间水量平衡方程为

$$ {}_tS_j = {}_{t-1}S_j + {}_tp_0 + {}_td_j\eta + {}_tck_j - {}_tET_j - {}_tK_j $$

式中各变量的意义同第 2 章。

5.4.5 目标函数

(1) 目标 1：以作物的相对产量最高作为目标 1，在研究中采用 Jensen 连乘模型，即

$$ M_1 = \max\prod_{t=1}^{T}\left(\frac{{}_tET_j}{{}_tET_m}\right)^{\lambda_t} $$

产量为越大越优型定量目标，应用式(2-43)进行规格化，得到产量目标的相对优属度向量 ${}_t\boldsymbol{R}_1=({}_tr_{11},{}_tr_{12},\cdots,{}_tr_{1n})=({}_tr_{1j})$。

(2) 目标 2：以作物生育阶段内无凋萎风险作为目标 2，它是一个定性指标，采用定性指标的定量标度进行度量。考虑到作物的生长状况与土壤计划湿润层的土壤含水率直接相关，因此以作物的阶段土壤含水率范围作为它的衡量标准，并与语气算子建立对应关系，依据不同的土壤含水率范围确定出阶段 t 方案 j 目标 2 的相对隶属度 ${}_ta_{2j}$ 的值，按式 ${}_tr_{2j}=\dfrac{1-{}_ta_{2j}}{{}_ta_{2j}}$ 对种植风险进行评定，得目标 2 的相对优属度向量 ${}_t\boldsymbol{R}_2=({}_tr_{21},{}_tr_{22},\cdots,{}_tr_{2n})=({}_tr_{2j})$，具体的求解过程见表 2-1。

则所有目标的相对优属度矩阵为

$$ {}_t\boldsymbol{R} = ({}_tr_{ij}) $$

其中，$i=1,2$；$j=1,2,\cdots,n$。

对于任一阶段 t，由目标1、2间的重要性排序，得到目标的权向量${}_t\boldsymbol{w}=({}_tw_1,{}_tw_2)$，且$\sum_{i=1}^{2}w_i=1$。由式(5-27)得到阶段 t 方案 j 的相对优属度${}_tu_j$。

由此得到作物灌溉制度规划的目标函数为

$$F = \max\prod_{t=1}^{T}{}_tu_j({}_td_j) \tag{5-34}$$

5.5 实　例

豫东平原某农业区水资源比较紧张，降雨是该区的主要供水水源，已知该区1980～1999年共20年的实测降雨资料，运用5.4节提出的作物非充分灌溉制度设计的随机多维多目标模糊优化模型，对该地区的作物进行随机条件下非充分灌溉制度设计。以冬小麦作为制定灌溉制度的研究对象，根据地区实际情况，将冬小麦全生育期划分为分蘖、返青、拔节、抽穗、乳熟、成熟6个阶段，以阶段灌水量作为决策变量，阶段初可用于分配的灌溉水量、计划湿润层的土壤含水量和阶段随机有效降雨量作为状态变量，则在任一阶段，该模型是一个具有一个决策变量和三个状态变量的多维问题，并且是一个涉及时间维的多目标问题，适用于采用5.3节中的随机多维多目标阶段模糊优选方法进行优化设计。

对该地区的实际资料进行分析和计算得到，土壤干容重 $\gamma=1.4\ \mathrm{t/m^3}$，灌溉水有效利用系数 $\eta=0.65$，田间持水率 $\theta_f=22.0$(以占干土重的百分数计，%)，假设凋萎点土壤含水率 $\theta_w=0.6\theta_f$，且每一阶段土壤计划湿润层的平均含水率对种植风险的影响效应均等，由此得到语气算子与该地区冬小麦风险相对隶属度关系见表4-1。

在优化过程中，认为各阶段的降雨集中在阶段初，则每次降雨都是一个从无雨向有雨转移的过程，此时的降雨过程不存在相依性。对已知的降雨资料进行统计分析，将降雨量离散为5个离散段，求出各段具体的概率分布，并得到各生育期内有效降雨量的概率分布，从而得到随机的有效降雨量，结果见表5-1。

表5-1　豫东平原冬小麦有效降雨量概率分布

离散段	降雨范围($\mathrm{m^3/hm^2}$)	P_0($\mathrm{m^3/hm^2}$)	生育阶段有效降雨量概率					
			阶段1	阶段2	阶段3	阶段4	阶段5	阶段6
1	0～50	0	0.05	0.15	0.05	0.0	0.0	0.05
2	51～300	150	0.3	0.55	0.65	0.55	0.45	0.20
3	301～600	450	0.3	0.25	0.20	0.40	0.50	0.20
4	601～900	600	0.25	0.05	0.10	0.05	0.0	0.15
5	>900	700	0.1	0.0	0.0	0.0	0.05	0.40
随机有效雨量($\mathrm{m^3/hm^2}$)			400.0	225.0	247.5	292.5	327.5	490.0

考虑到产量指标比风险指标十分重要，得到指标的非归一化权向量为 $\boldsymbol{w}_i=(1,0.25)$，归一化后得到 $\boldsymbol{w}'_i=(0.80,0.20)$，采用作物非充分灌溉制度设计的随机多维多目标模糊优化模型进行灌溉制度的优化设计，得到表5-2，并将随机降雨的结果与典型

频率年的结果进行了比较，列于表 5-3。

表 5-2　随机降雨条件下不同供水方案时冬小麦的灌溉制度

项目		播种—分蘖	分蘖—返青	返青—拔节	拔节—抽穗	抽穗—乳熟	乳熟—成熟	F^* 值
ET_m（m^3/亩）		385. 5	150. 0	397. 5	1 201. 1	873. 3	946. 2	
λ_t		0. 115 6	0. 114 6	0. 110 5	0. 314 8	0. 245 4	0. 000 1	
P_0（m^3/hm^2）		400. 0	225. 0	247. 5	292. 5	327. 5	490. 0	
供分配的水量（m^3/hm^2）	450	0	0	0	450	0	0	0. 973 2
	900	0	0	0	900	0	0	0. 983 3
	1 350	0	0	0	1 350	0	0	0. 989 1
	1 800	0	0	450	1 350	0	0	0. 992 3
	2 250	450	0	0	1 350	450	0	0. 998 4
	2 700	450	0	450	1 350	900	0	0. 998 6

表 5-3　随机模型与确定年型模型计算结果比较

典型年	灌水方案（m^3/hm^2）	灌溉制度（m^3/hm^2）	相对产量	相对优属度
$P=50\%$	1 350	$D3=450, D4=900$	0. 894 2	0. 996 2
	1 800	$D1=450, D3=900, D4=450$	0. 937 8	0. 994 2
	2 250	$D1=450, D3=450, D4=900, D5=450$	0. 971 0	0. 989 5
$P=75\%$	1 350	$D3=900, D5=450$	0. 639 6	0. 932 9
	1 800	$D1=450, D3=450, D5=900$	0. 767 1	0. 965 6
	2 250	$D1=450, D3=450, D4=450, D5=900$	0. 820 3	0. 980 3
$P=95\%$	1 350	$D3=450,\ D4=900$	0. 712 7	0. 959 9
	1 800	$D1=450,\ D3=450,\ D4=900$	0. 827 5	0. 987 0
	2 250	$D1=450, D4=1\ 350, D5=450$	0. 840 6	0. 986 1
随机降雨	1 350	$D4=1\ 350$	0. 885 1	0. 989 1
	1 800	$D3=450,\ D4=1\ 350$	0. 950 2	0. 992 3
	2 250	$D1=450,\ D4=1\ 350,\ D5=450$	0. 978 2	0. 998 4

对随机降雨条件下不同供水方案时冬小麦的灌溉制度进行分析，可以看出，在限水情况下，模型优化的结果是将水优先供给敏感性指数大的阶段，灌水时间多集中在抽穗期。通过对随机模型与确定模型计算结果的比较可以看出，两种模型均能保证作物在有限灌溉条件下，将水量分配到作物对水分最敏感的时期或者对该阶段计划湿润层含水率有直接影响的时期。从表 5-3 可知，各种年型的灌溉制度存在着差异，具体的灌溉制度与生育

阶段内降雨量的大小及时程分配有密切的关系，由于实际的降雨过程是一个随机问题，因此研究随机降雨条件下，作物的非充分灌溉制度对节水农业的实施具有重要的意义。表5-3中$P=95\%$典型年在同样供水情况下比$P=75\%$典型年的相对产量高，主要是由于该典型年的降水与小麦生育期耗水耦合性比较高。

5.6 小 结

复杂水资源系统决策一方面常因面临的随机水文问题，造成在实施过程中的失效，另一方面复杂水资源系统的决策涉及大量的定性目标与定量目标，还经常涉及时间维的动态问题。为此，本书提出了两种随机模糊动态优选方法：方法1作为方法2的特例，适用于全局目标特征值最大值、最小值已知的情况；方法2则适用于求解时间推移情况下随机“动态”阶段规划问题，从而形成了较为完整的复杂水资源系统的多维随机模糊优选动态规划方法，拓展了系统模糊优选理论的应用范围，使得动态模糊优选模型的应用从规划阶段向实施阶段推进，为大系统多维决策提供了基础。同时，本书将该方法应用于农作物非充分灌溉制度的制定，克服了以往优化模型偏离农业生产实际的不足，能更好地为农业节水灌溉制度提供科学指导。

在灌水量预报中，预测期内气象因子的获取是最为重要的，也是最为困难的。在现今的科学技术水平下，中长期天气预报的精度及可靠度都是较差的，所以灌水量预测所需要的气象因子取用了历史值，今后需要进一步从理论上研究需水量的预报模型。

第6章 多层次多指标模糊模式识别方法及其在节水灌溉技术优选中的应用

6.1 引 言

在复杂大系统进行方案优选问题往往涉及很多因素，因素之间通常又具有不同的类别和层次，利用普通的模式识别模型已难以解决。为此，本章在多层次多指标模糊识别理论的基础上，提出了适用于系统任一层次的多指标模糊模式识别方法，并将该方法用于节水灌溉系统，建立了节水灌溉系统的多层次多指标模糊模式识别模型，并对节水技术方案进行了识别与优选。

由于复杂大系统的复杂性和涵盖内容的广泛性，涉及的指标很多，对于指标权重的确定一直没有很好的解决办法，目前国内主要是采用专家打分法、可能满意度法、落影函数法等主观定权的方法来确定指标权重。但当指标比较多时，主观评分就相当困难，而且靠决策者主观意志来确定的权重值难以避免会带有主观性和片面性，使得工程方案的决策有时会与实际情况发生偏离。由于权重的大小直接影响到决策的结果，为解决决策过程中权重难以准确给定的问题，既要迅速科学地给定指标权重，又要考虑决策者或专家的直接参与，本章采用确定指标权重的相对隶属度理论与主观确定权重相结合的方法来确定指标权重，首先采用确定指标权重的相对隶属度理论与方法来确定指标的客观权重，再以客观权重为基础对权重值进行合理修正，采用这种方法能够迅速得到各指标的合理权重，从而使权重工作比较贴近工程实际。

农业灌溉水在输送到田间以后，必须借助于田间工程和一定的灌溉技术才能实现水的再分配，并进一步转化为能被作物利用的土壤水。而我国农业灌溉水利用率不高，主要表现在灌溉输送和田间灌水方面，其中田间灌水浪费占农业浪费水总量的60%；鉴于我国水资源的短缺和农业水资源浪费情况，党的十五届三中全会通过的《中共中央关于农业和农村工作若干重大问题的决定》中指出：把推广节水灌溉作为一项革命性措施来抓，大幅度提高水的利用率。要想提高水的利用率，一方面需要根据农作物的需水、耗水规律来控制、调配水源，以最大限度地满足作物对水分的需要，实现区域效益最佳的农田水分控制管理。另一方面，还需要采取一定的节水工程措施，如进行渠道的防渗技术、低压管道输水灌溉技术、喷微灌技术及各种地面灌溉改进技术等。其中，采用节水型灌溉技术是节水灌溉工程措施中的一个重要方面，因此进行田间灌溉节水技术方案优选就显得至关重要。

由于田间节水灌溉系统是一项涉及社会、经济、技术、自然条件、资源环境等多方面因素的复杂的系统工程，人们已开始认识到光靠经验和决策人主观意识对工程建设作出决断所存在的局限性,迫切需要从理论的角度来研究和分析节水灌溉工程综合评价及其方案决策问题。由于评价指标的复杂性和多样性,虽然国内外对此进行研究的并不少,但进展缓慢。国外在这方面的研究相对起步较早,但都是停留在对定量指标的评价上。实际上,在灌溉系统中涉及大量的定性指标,在进行方案优选过程中应同时顾及定量指标和定性指标,由于定性指标的确定往往带有较大的主观任意性,确定起来较为困难,徐建新在对定性指标的度量方面引入了陈守煜的二元对比法,并采用两级模糊优选模型进行方案优选,做出了有益的尝试。由于指标的优与劣,在优选识别过程中并不存在绝对分明的界限,属于模糊概念,模糊概念在中介过渡阶段呈现出渐变性,为更好地描述这种渐变过程,增强模型的识别能力,本章在优与劣之间划分为多个等级,用模糊识别理论进行方案的优选,提出了灌水技术方案优选的多层次多指标模糊模式识别方法,并将该方法用于实际灌区,实例证明了该方法的可行性。

6.2　多层次多指标模糊模式识别方法

对于复杂的大系统,根据系统可分性原理,将方案优选所需考虑的因素根据其属性分为L层,任一$l(l=1,2,\cdots,L)$层又分为${}_lk$ $(k=1,2,\cdots,{}_lK)$个指标子系统,各指标子系统又有$m_k(m=1,2,\cdots,M_k)$个指标,其中L、K、M均为大于零的整数。

设待优选的灌水技术方案有n个,组成集合为

$$X = \{x_1, x_2, \cdots, x_n\} \tag{6-1}$$

第l层的任一指标子系统为${}_lk$,该指标子系统有m_k个子指标,组成指标集为

$${}_l\boldsymbol{K} = ({}_lk_1, {}_lk_2, \cdots, {}_lk_{m_k}) \tag{6-2}$$

方案j的特性用l层指标子系统${}_lk$的m_k个子指标特征值表示为

$${}_l\boldsymbol{X}_j = ({}_lx_{1j}, {}_lx_{2j}, \cdots, {}_lx_{kj})^{\mathrm{T}} \tag{6-3}$$

则方案集可用$m_k \times n$阶指标特征值矩阵表示为

$${}_l\boldsymbol{X} = \begin{bmatrix} {}_lx_{11} & {}_lx_{12} & \cdots & {}_lx_{1n} \\ {}_lx_{21} & {}_lx_{22} & \cdots & {}_lx_{2n} \\ \vdots & \vdots & & \vdots \\ {}_lx_{m_k1} & {}_lx_{m_k2} & \cdots & {}_lx_{m_kn} \end{bmatrix} = ({}_lx_{ij}) \tag{6-4}$$

式中:${}_lx_{ij}$为方案$j(j=1,2,\cdots,n)$在l层的第${}_lk$个指标子系统的子指标$i(i=1,2,\cdots,m_k)$的特征值。

方案的优劣程度依据m_k个指标特征值,按照从优级到劣级的c个级别进行识别。显然,对于任一指标,就模糊概念优而言,可以规定优级(1级)对优的相对隶属度为1,劣级(c级)对优的相对隶属度为0。对于任一指标,从1级到c级各个级别的相对隶属度标准值向量为

$$\boldsymbol{S} = (s_{ih}) \tag{6-5}$$

其中,$h=1,2,\cdots,c$。

决策指标通常分为定量指标和定性指标两类,对于定量指标,又常分为特征值越大越优型和越小越优型两种,为消除指标间量纲、量级上的差异,分别采用以下不同的计算公式进行规格化处理:

对于越大越优型指标,相对隶属度公式为

$$ {}_lr_{ij} = \frac{{}_lx_{ij}}{\max_l x_j} \tag{6-6} $$

对于越小越优型指标,相对隶属度公式为

$$ {}_lr_{ij} = \frac{\min_l x_j}{{}_lx_{ij}} \tag{6-7} $$

式中:$\max_l x_j$、$\min_l x_j$ 分别为 n 个方案在第${}_lk$ 个指标子系统中指标的最大特征值、最小特征值。

对于定性指标 i,首先采用二元对比法进行方案优越性排序,得到二元比较排序矩阵,并对优越性排序矩阵进行一致性检验,如果该优越性排序矩阵通不过一致性检验,则需要对方案优越性排序进行修正,直至该优越性排序矩阵通过一致性检验;然后以排序为 1 的 j 方案,逐个与排序为其他序号的方案作二元比较判断,根据语气算子与定量标度相对隶属度关系表 4-1,得到各方案对于指标 i 的相对隶属度。

利用式(6-6)、式(6-7)及表 4-1,将第 l 层子指标系统${}_lk$ 的指标特征值矩阵(6-4)变换为相对隶属度矩阵,即

$$ {}_l\boldsymbol{R} = \begin{bmatrix} {}_lr_{11} & {}_lr_{12} & \cdots & {}_lr_{1n} \\ {}_lr_{21} & {}_lr_{22} & \cdots & {}_lr_{2n} \\ \vdots & \vdots & & \vdots \\ {}_lr_{m_k1} & {}_lr_{m_k2} & \cdots & {}_lr_{m_kn} \end{bmatrix} = ({}_lr_{ij}) \tag{6-8} $$

将方案 j 的 m_k 个指标相对隶属度${}_lr_{1j}, {}_lr_{2j}, \cdots, {}_lr_{m_kj}$分别与向量式(6-5)逐一进行比较后,得到方案 j 的 m_k 个指标相对优属度分别介于相邻级别区间$[a_{1j}, b_{1j}], \cdots, [a_{m_kj}, b_{m_kj}]$。则得方案 j 的级别上限值 b_j 与级别下限值 a_j 为

$$ \begin{cases} a_j = \min\limits_i a_{ij} \\ b_j = \max\limits_i b_{ij} \end{cases} \tag{6-9} $$

其中,$i = 1, 2, \cdots, m_k$。

设方案集归属于各个级别的相对隶属度矩阵为${}_l\boldsymbol{U}$,应用多指标模糊模式识别理论,计算各方案归属于第 l 层指标子系统${}_lk$ 各指标 m_k 各个级别的最优相对隶属度,一般来说,方案集的 m_k 个指标对优选的影响程度不同,故指标应具有不同的权重。

设指标权重向量为 $\boldsymbol{w} = (w_1, w_2, \cdots, w_{m_k})$,且满足 $\sum\limits_{i=1}^{m} w_i = 1$。

应用多级模糊模式识别理论,得到方案 j 级别 h 的关于第 l 层指标子系统${}_lk$ 各指标 m_k 的相对优属度${}_lu_{khj}$,即

$$
{}_l u_{khj}=\begin{cases}0 & (h<a_j\text{ 或 }h>b_j)\\ \left(\sum_{k=a_j}^{b_j}\left\{\dfrac{\sum_{i=1}^{m_k}[w_i({}_l r_{ij}-s_{ih})]^p}{\sum_{i=1}^{m_k}[w_i({}_l r_{ij}-s_{ik})]^p}\right\}^{\frac{2}{p}}\right)^{-1} & (a_j\leqslant h\leqslant b_j,d_{hj}\neq 0)\\ 1 & (d_{hj}=0)\end{cases}
\tag{6-10}
$$

式中:d_{hj}为方案j与级别h之间的差异,用加权广义欧式权距离表示。

应用式(6-10),可以得到在第l层的指标子系统${}_l k$中,各方案对$1\sim c$级的最优相对优属度矩阵${}_l\boldsymbol{U}={}_l(u_{khj})$,应用级别特征值公式,得到各方案在$l$层${}_l k$子系统的级别特征值为

$$
{}_l h_k=(1,2,\cdots,c)\cdot({}_l u_{khj})=({}_l h_{k_1},{}_l h_{k_2},\cdots,{}_l h_{k_n}) \tag{6-11}
$$

${}_l h_k$反映了级别状态变量$(1,2,\cdots,c)$与相对优属度矩阵${}_l\boldsymbol{U}={}_l(u_{khj})$分布列的整体相对特征,并不是指标子系统${}_l k$输出的方案相对优属度向量${}_l\boldsymbol{u}_{kj}$,为实现上下层之间度量的统一化,需要将各方案在$l$层${}_l k$子系统的级别特征值${}_l h_k$转化为方案相对优属度向量${}_l\boldsymbol{u}_{kj}$。若$l<L$,则由${}_l h_k$可以按级别间线性内插,依据$1\sim c$级各个级别和与其相对应的隶属度标准值,得到指标子系统${}_l k$输出的方案相对优属度向量${}_l\boldsymbol{u}_{kj}$,即第h级标准决策模式目标可通过第1级与第c级的目标线性内插,即

$$
{}_l u_{kh}={}_l u_{kc}+\frac{{}_l u_{k1}-{}_l u_{kc}}{c-1}(c-h) \tag{6-12}
$$

并将它作为与其对应的$l+1$层指标子系统的输入${}_{l+1}r_{ij}$。若$l=L$,则按级别特征值最小法对方案集进行优选,其中最小级别特征值${}_L h_{\min}=\min\limits_j {}_L h_j$对应的方案为该复杂系统的最优方案。

在分层进行方案优选时,按照以下步骤进行:

(1)自第1层开始,首先根据第1层任一指标子系统${}_1 k(k=1,2,\cdots,{}_1 K)$的所有指标,确定指标的相对隶属度、指标的合理权重和各方案的级别上、下限值,然后由式(6-10)计算方案集对于${}_1 k$的级别特征向量${}_1\boldsymbol{H}_k$,并由${}_1\boldsymbol{H}_k$求出子系统${}_1 k$输出的方案相对优属度向量${}_1\boldsymbol{U}_k$;将第1层所有指标子系统计算结束后,进入第2步的计算;

(2)以${}_1\boldsymbol{U}_k$作为与其对应的第2层指标子系统${}_2 k\ (k=1,2,\cdots,{}_2 K)$的相对隶属度${}_2 r_k$,所有${}_2 k$的子指标系统的输入组成它的输入相对隶属度矩阵${}_2\boldsymbol{R}_k$,然后重复第1步的计算过程,计算出方案集对于第2层指标子系统${}_2 k$的级别特征值向量${}_2\boldsymbol{H}_k$和输出的方案相对优属度向量${}_2\boldsymbol{U}_k$,将第2层所有子系统计算结束后,进入第3步的计算;

(3)以${}_2\boldsymbol{U}_k$作为与其对应的第3层指标子系统的相对隶属度${}_3 r_k(k=1,2,\cdots,{}_3 K)$,按前两步的方法与顺序进行计算,直至最高层$L$层,最后得到各方案的综合评价结果,按照最小级别特征值所对应的方案为最优方案的原则,对方案进行排序和优选。

6.3 指标权重的确定

目前,确定各单项指标权重的方法主要有主观赋权法和客观赋权法两类。主观赋权

法是一类根据人们主观上对各指标的重视程度来确定权重的方法，常用的有专家调查法、两两比较法、层次分析法。而客观赋权法所依据的赋权原始信息直接来源于客观环境，它根据各指标间的联系程度或各指标所提供的信息量来决定指标的权重。常用的客观赋权法主要有因子分析法、熵值（或称熵权）法等。

由于大系统的复杂性，涉及的因素种类众多，各指标权重的确定一直没有一个很好的解决办法。以往都是凭专家意见或决策者的经验和个人偏好进行确定的，带有较强的主观任意性，很容易造成决策与工程实际的偏差。为使决策尽量与工程实际相吻合，本书采用陈守煜提出的用主、客观相结合的方法进行权重确定的思想，该方法一方面能够帮助决策者迅速、科学地给定权重的大小，另一方面是在决策过程中融入了决策者的意见，使决策者能依据经验、知识与工程具体情况对确定权重的过程直接参与。在进行权重的计算时，首先按照模糊定权的方法确定指标权向量的一个初始解，然后由决策者或专家根据工程的社会、经济等具体情况对该初始解进行判断，若该解基本符合决策者的经验判断与偏好，则采用此权重对方案进行优选；否则，需根据指标间相对重要性，辅以决策者的经验，对初始权重进行调整。

首先按照模糊定权的方法来确定指标的客观权重，对于任一指标 i，为求解方案 j 的相对优属度，对设定的 n 个方案，建立目标函数为指标的加权距离平方和最小，即

$$\min\{F(\boldsymbol{w}(i)) = D_{gi}^2 + D_{bi}^2 = w_g^2 d_{gi}^2 + w_b^2 d_{bi}^2\} \tag{6-13}$$

从指标 i 对于模糊概念“重要性”的相对隶属度出发，根据模糊集中可将隶属度定义为权重的概念，将方案的相对隶属度进行转置，得到指标对模糊概念“重要性”的相对隶属度矩阵，即权重矩阵，有

$$\boldsymbol{W} = \boldsymbol{R}^{\mathrm{T}} \tag{6-14}$$

则式(6-13)就成为

$$\begin{aligned}\min\{F(\boldsymbol{w}(i)) &= \boldsymbol{w}(i)^2 d_{gi}^2 + (1 - \boldsymbol{w}(i)^2) d_{bi}^2\} \\ &= \boldsymbol{w}(i)^2\Big[\sum_{j=1}^{n}(1 - w_{ji})^p\Big]^{\frac{2}{p}} + (1 - \boldsymbol{w}(i)^2)\Big[\sum_{j=1}^{n} w_{ji}^p\Big]^{\frac{2}{p}}\end{aligned} \tag{6-15}$$

求目标函数式(6-15)的导数，且令导数为零，即

$$\frac{\mathrm{d}F(\boldsymbol{w}(i))}{\mathrm{d}\boldsymbol{w}(i)} = 0$$

解得指标对重要性的相对隶属度 $\boldsymbol{w}(i)$ 为

$$\boldsymbol{w}(i) = \frac{1}{1 + \left[\dfrac{\sum_{j=1}^{n}(1 - w_{ji})^p}{\sum_{j=1}^{n}(w_{ji})^p}\right]^{\frac{2}{p}}} \tag{6-16}$$

在进行优选的过程中，首先按式(6-16)计算出指标 i 的客观权重向量，作为指标的初始权向量，然后根据工程实际情况及决策者的经验知识等对初始权重进行判断。若该初始解基本符合决策者的判断，则将该初始解作为指标权向量，代入式(6-10)进行方案的相对优属度计算；否则，依据二元比较分析法，依据决策者的知识、经验与偏好，对该初始解

进行调整。调整的方法如下：

(1)将指标权向量的初始解 $\boldsymbol{w}_i^0=(w_1^0,w_2^0,...,w_m^0)$ 除以最大权重值 $\max\limits_i w_i^0$，得到

$$\boldsymbol{w}'_i=\left(\frac{w_1^0}{\max\limits_i w_i^0},\frac{w_2^0}{\max\limits_i w_i^0},...,\frac{w_m^0}{\max\limits_i w_i^0}\right)$$

(2)决策者依据知识判断，是否接受 $\boldsymbol{w}'$ 中相对隶属度为 1 的指标，若不接受，则采用指标权重排序一致性定理对最重要指标的排序进行调整；

(3)判断是否接受 $\boldsymbol{w}'$ 中其余指标的权重，若不接受，则需依据语气算子与相对隶属度之间的关系表 4-1，在 $\boldsymbol{w}'$ 的基础上，对初始权向量进行调整，并进行归一化处理。

具体的调整步骤与方法在实例中将予以详细说明。

6.4　实　例

河北大明县某灌区为改变灌区现状，实施节水灌溉，当地政府决定对灌区进行改造，为此需要对灌区进行灌水技术方案选择。节水型灌水方法和技术主要包括喷灌、滴灌、微灌、低压管道灌溉、节水型地面灌等。

根据对灌区水质、种植结构、农业生产、社会经济等多方面的考虑，剔除不可能方案，如波涌灌、渗灌、微喷灌、膜上灌等不易在该地区采用的灌水方式，确定从以下 6 个方案中进行方案优选：固定式喷灌、半固定式喷灌、移动式喷灌、地埋固定低压管道灌、移动式低压管道灌和畦灌。

评价指标体系从经济、技术、资源、环境 4 个方面进行考虑，由于评价指标体系所涉及的因素种类众多，各类因素又具有若干子类，每一子类又可进行细分，目前国内尚无统一的评价体系，本章将多层次多指标模糊模式识别方法用于节水技术方案选择，提出灌水技术优选的多层次多指标模糊模式识别方法，依据各指标的属性，将整个系统分为 3 层，得到多层次模糊识别系统示意图（见图 6-1）。整个系统自上而下分为 3 层，第 3 层为节水

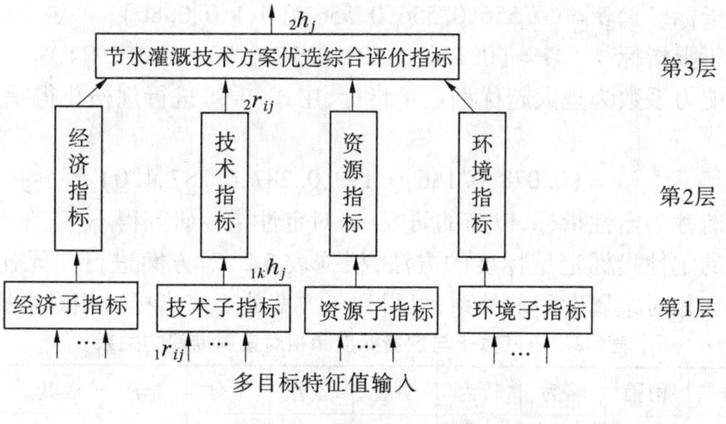

图 6-1　节水灌溉技术方案优选的 3 层模糊识别系统示意图

灌溉技术方案优选综合评价指标，是所有指标的综合。根据指标所属种类的不同，综合指标可以细化为经济指标、技术指标、资源指标和环境指标。其中，经济指标又包括工程投

资、年运行费、投资回收年限、投资承担能力、获贷款可能性及程度 5 个子指标；技术指标包括耕地坡度条件、土壤渗透性要求、灌溉质量、对水质适应性、对作物适应性、对工程运行管理人员技术要求及劳动强度、工程运行可靠性、对作物品质影响、是否有其他功效等 9 个子指标；资源指标包括节水程度、保持水量平衡可能性、使用劳力情况、占地情况等 4 个子指标；环境指标包括对环境适应性、对盐碱化影响、对生态环境影响、保证工程持续利用程度等 4 个子指标。

在进行方案优选时，首先自第 1 层开始，输入各子指标的特征值，以经济指标子系统为例，该指标子系统又细分为工程投资、年运行费、投资回收年限、承担投资能力系数和获贷款可能性等 5 个子指标，其中工程投资、年运行费、投资回收年限为越小越优型定量指标（见表 6-1），采用式(6-7)进行规格化，得到各方案关于各子指标的相对隶属度向量分别为：

表 6-1　灌区各方案定量评价指标特征值

指标	喷灌	半固定喷灌	移动式喷灌	小白龙	固定低压管灌	畦灌
工程单位面积投资（万元/hm^2）	1.20	0.675	0.45	0.30	0.345	0.075
年运行费（元/hm^2）	540.0	540.0	540.0	300.0	300.0	375.0
投资回收年限（年）	8.0	5.5	4.0	3.0	2.8	2.8
承担投资能力系数	1.165	1.723	2.973	4.283	4.283	14.91
节水程度（%）	30.0	28.0	25.0	25.0	20.0	0.0
劳力投入（工日/（hm^2·年））	2.0	3.0	3.0	3.0	3.5	8.0
工程占地（%）	4.0	8.0	16.0	20.0	15.0	30.0

工程投资指标　　$_1\boldsymbol{r} = (0.063, 0.111, 0.167, 0.250, 0.217, 1.0)$

年运行费指标　　$_2\boldsymbol{r} = (0.556, 0.556, 0.556, 1.0, 1.0, 0.80)$

投资回收年限指标　　$_3\boldsymbol{r} = (0.350, 0.509, 0.70, 0.933, 1.0, 1.0)$

承担投资能力系数为越大越优型定量指标，用式(6-6)进行规格化得承担投资能力系数指标为

$$_4\boldsymbol{r} = (0.078, 0.116, 0.199, 0.287, 0.287, 1.0)$$

获贷款可能性为定性指标，以前的研究中，对定性指标研究得不多，在本次研究中，采用陈守煜提出的定性指标定量标度的方法，根据表 6-2，对方案进行二元比较，由语气算子与定量标度和相对隶属度间的关系，可得到各方案关于该指标的相对隶属度向量为

表 6-2　语气算子与定量标度和相对隶属度间的关系

语气算子	同样	稍稍	略为	较为	明显	显著	十分	非常	极其	极端	无可比拟
定量标度	0.50	0.55	0.60	0.65	0.70	0.75	0.80	0.85	0.90	0.95	1
相对隶属度	1.0	0.818	0.667	0.538	0.429	0.333	0.25	0.176	0.111	0.053	0

$$_5\boldsymbol{r} = (1.0, 1.0, 1.0, 0.481, 1.0, 0.25)$$

由此可得到各方案对于经济指标子指标的相对隶属度矩阵为

$$_1\boldsymbol{R}_{5\times 6} = \begin{bmatrix} 0.063 & 0.111 & 0.167 & 0.250 & 0.217 & 1.0 \\ 0.556 & 0.556 & 0.556 & 1.0 & 1.0 & 0.80 \\ 0.350 & 0.509 & 0.70 & 0.933 & 1.0 & 1.0 \\ 0.078 & 0.116 & 0.199 & 0.287 & 0.287 & 1.0 \\ 1.0 & 1.0 & 1.0 & 0.481 & 1.0 & 0.25 \end{bmatrix}$$

由式(6-14)得到经济指标各子指标权重矩阵为

$$_1\boldsymbol{W} = {_1\boldsymbol{R}}^{\mathrm{T}} = \begin{bmatrix} 0.063 & 0.556 & 0.350 & 0.078 & 1.0 \\ 0.111 & 0.556 & 0.509 & 0.116 & 1.0 \\ 0.167 & 0.556 & 0.70 & 0.199 & 1.0 \\ 0.250 & 1.0 & 0.933 & 0.287 & 0.481 \\ 0.217 & 1.0 & 1.0 & 0.287 & 1.0 \\ 1.0 & 0.80 & 1.0 & 1.0 & 0.25 \end{bmatrix} = (w_{ji})_{6\times 5}$$

当 $p=2$ 时，由式(6-16)计算得到指标的非归一化权向量，归一化后得到指标的初始权向量，由指标初始权向量，决策者进行判断，看是否符合决策者的偏好，若不满足，则据实际情况进行调整。例如，经济指标子系统的4个子指标，由式(6-16)进行计算后得到指标的非归一化权向量为

$$\boldsymbol{w}^0(i) = (0.248, 0.626, 0.691, 0.590, 0.643)$$

归一化后为

$$\boldsymbol{w}'(i) = (0.089, 0.223, 0.247, 0.211, 0.230)$$

决策者依据综合知识，认为投资回收年限指标作为最重要指标是合适的，但指标1偏小，经慎重考虑，决策者认为工程投资指标与相对隶属度最大的指标3相比，介于同样与稍稍重要之间，根据表6-2进行内插得到，其相对权重为0.905，同样对指标4、5进行类似的调整，它们的相对权重分别为0.60、0.667，最后得到一组符合决策者偏好的权重，即

$$\boldsymbol{w}_1 = (0.224, 0.223, 0.247, 0.148, 0.165)$$

归一化权重为

$$\boldsymbol{w}'_1 = (0.222, 0.221, 0.245, 0.147, 0.164)$$

进行模糊识别时，取 $c=5$，用我国传统的5级制：优、良、中、可、劣对灌水技术方案进行优选决策，则各个指标相对优属度5级标准值向量为

$$\boldsymbol{S} = (1, 0.8, 0.6, 0.3, 0)$$

当 $p=1$ 时，式(6-10)就变为

$$_lu_{khj} = \begin{cases} 0 & (h < a_j \text{ 或 } h > b_j) \\ \left[\sum_{k=a_j}^{b_j} \left(\dfrac{\sum_{i=1}^{m_k} w_i \,|\, _lr_{ij} - s_{ih} \,|}{\sum_{i=1}^{m_k} w_i \,|\, _lr_{ij} - s_{ik} \,|} \right)^2 \right]^{-1} & (a_j \leqslant h \leqslant b_j, d_{hj} \neq 0) \\ 1 & (d_{hj} = 0) \end{cases} \tag{6-17}$$

已知矩阵${}_1\boldsymbol{R}$、指标权重向量$\boldsymbol{w}_1'$与标准值向量$\boldsymbol{S}$，当$j=1$时，首先确定a_j、b_j的值：

当$i=1$时，$a_{11}=4$，$b_{11}=5$；当$i=2$时，$a_{21}=1$，$b_{21}=2$；当$i=3$时，$a_{31}=3$，$b_{31}=4$；当$i=4$时，$a_{41}=4$，$b_{41}=5$；当$i=5$时，$a_{51}=1$，$b_{51}=1$。

由式(6-9)得到：$a_1=\min\limits_i a_{ij}=1$，$b_1=\max\limits_i b_{ij}=5$；同样可以得到：$a_2=1$，$b_2=5$；$a_3=1$，$b_3=5$；$a_4=1$，$b_4=5$；$a_5=1$，$b_5=5$；$a_6=1$，$b_6=5$。

由式(6-17)进行计算，得出 6 个方案对于经济指标 1 ~5 级的相对优属度矩阵为

$$
{}_1\boldsymbol{U}_1=\begin{bmatrix}0.076 & 0.086 & 0.105 & 0.193 & 0.363 & 0.505\\ 0.126 & 0.152 & 0.204 & 0.251 & 0.258 & 0.311\\ 0.247 & 0.334 & 0.364 & 0.273 & 0.192 & 0.117\\ 0.379 & 0.303 & 0.240 & 0.215 & 0.133 & 0.047\\ 0.173 & 0.125 & 0.086 & 0.068 & 0.054 & 0.020\end{bmatrix}
$$

应用级别特征值式(6-11)，得到 6 个方案的级别特征值向量为

$$
\boldsymbol{H}_1=(1,2,3,4,5)\cdot{}_1\boldsymbol{U}_1
$$

$$
=(1,2,3,4,5)\begin{bmatrix}0.076 & 0.086 & 0.105 & 0.193 & 0.363 & 0.505\\ 0.126 & 0.152 & 0.204 & 0.251 & 0.258 & 0.311\\ 0.247 & 0.334 & 0.364 & 0.273 & 0.192 & 0.117\\ 0.379 & 0.303 & 0.240 & 0.215 & 0.133 & 0.047\\ 0.173 & 0.125 & 0.086 & 0.068 & 0.054 & 0.020\end{bmatrix}
$$

$$
=(3.447, 3.229, 2.998, 2.715, 2.257, 1.766)
$$

根据$\boldsymbol{H}_1$值，由$\boldsymbol{S}$标准值向量，按式(6-12)进行线性内插确定方案相对隶属度，得到经济指标子系统输出的方案相对隶属度向量为

$$
\boldsymbol{U}_1=(0.466, 0.531, 0.600, 0.657, 0.749, 0.847)
$$

对于技术指标、资源指标和环境指标，运用以上的方法和步骤进行计算，得到各方案对技术指标子系统的相对隶属度矩阵为

$$
{}_2\boldsymbol{R}_{9\times 6}=\begin{bmatrix}1.0 & 1.0 & 0.739 & 0.481 & 0.481 & 0.333\\ 1.0 & 0.739 & 0.333 & 0.429 & 0.60 & 0.60\\ 1.0 & 0.818 & 0.667 & 0.429 & 0.333 & 0.15\\ 0.481 & 0.481 & 0.481 & 0.80 & 0.80 & 1.0\\ 0.70 & 0.538 & 0.360 & 0.50 & 1.0 & 1.0\\ 1.0 & 0.630 & 0.40 & 0.32 & 0.350 & 0.50\\ 0.5 & 0.40 & 0.32 & 0.40 & 0.780 & 1.0\\ 1.0 & 1.0 & 1.0 & 0.40 & 0.40 & 0.40\\ 1.0 & 0.818 & 0.667 & 0.32 & 0.32 & 0.32\end{bmatrix}
$$

各方案对资源指标子系统的相对隶属度矩阵为

$$
{}_3\boldsymbol{R}_{4\times 6}=\begin{bmatrix}1.0 & 0.933 & 0.833 & 0.833 & 0.667 & 0.0\\ 1.0 & 1.0 & 0.818 & 0.50 & 0.50 & 0.15\\ 1.0 & 0.50 & 0.250 & 0.20 & 0.267 & 0.133\\ 1.0 & 0.667 & 0.667 & 0.667 & 0.571 & 0.250\end{bmatrix}
$$

各方案对环境指标子系统的相对隶属度矩阵为

$$ {}_4\boldsymbol{R}_{4\times6} = \begin{bmatrix} 0.50 & 0.40 & 0.320 & 0.667 & 0.880 & 1.0 \\ 1.0 & 1.0 & 1.0 & 1.0 & 1.0 & 0.220 \\ 1.0 & 1.0 & 1.0 & 0.50 & 0.50 & 0.150 \\ 1.0 & 1.0 & 0.40 & 0.50 & 1.0 & 0.60 \end{bmatrix} $$

由式(6-14)和式(6-16)计算得到指标的非归一化权向量，归一化后技术指标子系统各子指标权重为

$$ \boldsymbol{w}_2' = (0.098, 0.098, 0.161, 0.098, 0.163, 0.097, 0.096, 0.095, 0.094) $$

资源指标子系统各子指标权重为

$$ \boldsymbol{w}_3' = (0.297, 0.229, 0.210, 0.264) $$

环境指标子系统各子指标权重为

$$ \boldsymbol{w}_4' = (0.227, 0.257, 0.257, 0.260) $$

同样用式(6-11)、式(6-17)对第2层的其他3类指标进行相对优属度、级别特征值计算，得出6个方案对于技术指标子系统1~5级的相对优属度矩阵为

$$ {}_1\boldsymbol{U}_2 = \begin{bmatrix} 0.542 & 0.153 & 0.080 & 0.0 & 0.112 & 0.161 \\ 0.283 & 0.409 & 0.193 & 0.106 & 0.242 & 0.217 \\ 0.137 & 0.360 & 0.450 & 0.374 & 0.389 & 0.308 \\ 0.039 & 0.078 & 0.276 & 0.519 & 0.257 & 0.237 \\ 0.0 & 0.0 & 0.0 & 0.0 & 0.0 & 0.078 \end{bmatrix} $$

级别特征值为

$$ \boldsymbol{H}_2 = (1.673, 2.364, 2.923, 3.413, 2.791, 2.854) $$

内插得到相对隶属度向量为

$$ \boldsymbol{U}_2 = (0.865, 0.727, 0.615, 0.476, 0.642, 0.629) $$

6个方案对于资源指标子系统1~5级的相对优属度矩阵为

$$ {}_1\boldsymbol{U}_3 = \begin{bmatrix} 1.0 & 0.295 & 0.114 & 0.091 & 0.0 & 0.0 \\ 0.0 & 0.396 & 0.478 & 0.280 & 0.122 & 0.0 \\ 0.0 & 0.253 & 0.293 & 0.427 & 0.665 & 0.0 \\ 0.0 & 0.056 & 0.087 & 0.155 & 0.177 & 0.358 \\ 0.0 & 0.0 & 0.029 & 0.048 & 0.036 & 0.642 \end{bmatrix} $$

级别特征值为

$$ \boldsymbol{H}_3 = (1.0, 2.071, 2.440, 2.788, 3.126, 4.642) $$

相对隶属度向量

$$ \boldsymbol{U}_3 = (1.0, 0.786, 0.712, 0.642, 0.562, 0.107) $$

6个方案对于环境指标子系统1~5级的相对优属度矩阵为

$$ {}_1\boldsymbol{U}_4 = \begin{bmatrix} 0.708 & 0.661 & 0.283 & 0.130 & 0.507 & 0.101 \\ 0.183 & 0.203 & 0.274 & 0.259 & 0.311 & 0.162 \\ 0.082 & 0.092 & 0.264 & 0.503 & 0.140 & 0.299 \\ 0.264 & 0.038 & 0.179 & 0.108 & 0.041 & 0.316 \\ 0.0 & 0.0 & 0.0 & 0.0 & 0.0 & 0.121 \end{bmatrix} $$

级别特征值为

$$\boldsymbol{H}_4 = (1.427, 1.513, 2.339, 2.589, 1.716, 3.194)$$

相对隶属度向量为

$$\boldsymbol{U}_4 = (0.915, 0.897, 0.732, 0.682, 0.857, 0.542)$$

$\boldsymbol{U}_1$、$\boldsymbol{U}_2$、$\boldsymbol{U}_3$、$\boldsymbol{U}_4$ 组成各方案关于第 2 层各子系统综合评价的相对隶属度矩阵，以该输出矩阵作为第 3 层各指标的相对隶属度，即以第 2 层的输出作为第 3 层的输入，有

$$_2\boldsymbol{R} = {_1\boldsymbol{U}} = \begin{bmatrix} 0.466 & 0.531 & 0.600 & 0.657 & 0.749 & 0.847 \\ 0.865 & 0.727 & 0.615 & 0.476 & 0.642 & 0.629 \\ 1.000 & 0.786 & 0.712 & 0.642 & 0.562 & 0.107 \\ 0.915 & 0.897 & 0.732 & 0.682 & 0.857 & 0.542 \end{bmatrix}$$

重复以上第 2 层的计算过程，得经济、技术、资源、环境四个指标的归一化权向量为

$$\boldsymbol{W}_5 = (0.278, 0.209, 0.304, 0.157)$$

再次运用 5 级模糊优化识别模型式(6-17)，最后得到各方案对于 5 级标准的相对优属度矩阵为

$$_2\boldsymbol{U} = \begin{bmatrix} 0.336 & 0.102 & 0.0 & 0.0 & 0.071 & 0.092 \\ 0.417 & 0.553 & 0.150 & 0.134 & 0.413 & 0.242 \\ 0.190 & 0.301 & 0.850 & 0.816 & 0.475 & 0.442 \\ 0.057 & 0.044 & 0.0 & 0.050 & 0.041 & 0.163 \\ 0.0 & 0.0 & 0.0 & 0.0 & 0.0 & 0.062 \end{bmatrix}$$

用级别特征值式(6-11)得到各方案的级别特征值向量为

$$\boldsymbol{H} = (1,2,3,4,5)\begin{bmatrix} 0.336 & 0.102 & 0.0 & 0.0 & 0.071 & 0.092 \\ 0.417 & 0.553 & 0.150 & 0.134 & 0.413 & 0.242 \\ 0.190 & 0.301 & 0.850 & 0.816 & 0.475 & 0.442 \\ 0.057 & 0.044 & 0.0 & 0.050 & 0.041 & 0.163 \\ 0.0 & 0.0 & 0.0 & 0.0 & 0.0 & 0.062 \end{bmatrix}$$

$$= (1.932, 2.294, 2.851, 2.923, 2.594, 2.942)$$

根据最小级别特征值所对应的方案为最优方案的原则，可以得到该灌区灌水技术方案关于优越性的排序为：固定式喷灌 > 半固定式喷灌 > 地埋固定低压管道灌 > 移动式喷灌 > 移动式低压管道灌 > 畦灌。固定式喷灌可考虑作为灌水技术方案优选的决策方案。

对以上结果进行分析，以上结果较符合农业工程实际，方案间优劣有较大差异，优于两级优选模型，为节水灌溉农业工程方案优选和灌区改造提供了理论依据和指导。当方案数更多，考虑指标因素更多时，结果将明显优于其他模型的计算结果。

6.5 小　结

本书提出了多层次多指标模糊模式识别方法，在识别的过程中，采用符合我国传统的 5 级模糊识别理论，提高了方法的识别能力，较好地处理了系统模式识别与优选问题。

本章将多层次多指标模糊模式识别方法应用于节水灌溉技术方案优选中，结合节水

灌溉的实际情况，提出了灌水技术优选的多层次多指标模糊模式识别方法，将复杂的节水灌溉系统划分为多个层次，逐层进行模式识别，最终得到了令人满意的结果，可为灌区进行具体节水灌溉措施优选提供决策参考。

在方案优选过程中，采用主、客观相结合的方法来确定各层各因素的指标权重，克服了过去，特别是农业系统在权重确定上的主观任意性以及难以准确确定的缺点。总的来讲，比较符合生产的实际情况，增强了方法的实用性，通过对话式的决策信息输入和反馈，最终可以得到与实际情况相符的决策方案。该方法适用于复杂系统的任一层次任一因素的决策优选，当系统越复杂，指标因素越多，特别是既包括大量的定性指标，又包括大量的定量指标时，其优越性体现得越明显。

第 7 章　区域农业水资源可持续利用优化管理模型

7.1　农业可持续发展与农业水资源的可持续利用

7.1.1　可持续发展与农业的可持续发展

可持续发展问题是在第二次世界大战以后，世界各国经历了经济高速发展时期后被逐步得以认识的，由于人类在战后过分乐观地看待由于科学技术发展和工业化所引起的经济迅速增长和世界面貌的深刻变化，忽视人口增长、资源浪费、环境污染、生态环境质量等问题，从而导致了自然资源的衰竭和生态环境的恶化。人类在饱尝了自然界的恶果后才逐步认识到传统发展观的负面效应，于是开始探索新的发展模式，经过 20 年的探索，人类逐渐找到了一条能够摆脱传统发展模式和生态危机的新的发展道路。1978 年，世界环境与发展委员会发表《我们共同的未来》的报告，正式提出了可持续发展的概念：可持续发展是指既要考虑当前发展的需要，又要考虑未来发展的需要，不以牺牲后代人的利益为代价来满足当代人利益的发展。通俗地讲，可持续发展就是人口、经济、社会、资源和环境的协调发展，既要达到发展经济的目的，又要保护人类赖以生存的自然资源和环境。它包括了两个基本概念，即可持续和发展。可持续最基本的含义是保持自然资源总量存量不变或比现有的水平更高。发展又可以分为广义的发展和狭义的发展。狭义的发展指的是经济领域的活动，目标是产值和利润的增长、物质财富的增加；广义的发展是指那些导致改善或进步的变化。

随着可持续发展观的形成，可持续农业的观念在农业的发展过程中逐渐形成并作为一个新的学科出现。在农业生产过程中，人类最初盲目地追求农业的高产，在 19 世纪工业革命的基础上，20 世纪农业现代化首先在工业化国家得以实现，到 80 年代中期，世界人口增加了 2 倍，谷物产量增加了 2.3 倍，农业产值增加了 2.4 倍。现代农业奇迹般地增加农产品产量和提高农业经济效益的同时，也带来了不可忽视的负面效应。例如，能源消耗急剧增加，1950 ~ 1985 年能源消耗由 0.36 亿 t 石油当量增加到 2.6 亿 t 石油当量，因而这一时期的农业甚至被称为“石油农业”；农药和除草剂对环境和食品安全构成威胁，大量施用化肥破坏了地力、污染了地下水等。作为对“石油农业”的逆反，70 年代西方工业化国家出现了生态农业、有机农业、自然农业等新的农业思潮，但由于它们只强调保护自然资源和环境，忽视农业生产和经济效益，因而并没有广泛地为农民和各国政府所接受。可持续农业思潮是在西方农业现代化实践和自然农业等思潮的基础上提出的，它既强调粮食安全和发展农村经济，又强调保护资源环境，实现经济、社会、资源、环境的协调和可持续性的统一。

1987年3月挪威首相布伦特兰夫人提出了农业可持续发展的含义。1988年联合国粮农组织理事会对可持续农业的定义是:管理和保护自然资源基础,调查技术和机构改革的方向,以确保获得和持续满足当代人和后代人的需要。1991年4月联合国粮农组织在荷兰召开"农业与环境"国际会议,发表了"可持续农业和农村发展的登博茨宣言",对农业和农村的可持续发展做出了明确的定义。其要点是:实行技术和机制变革,保护自然资源不受破坏和退化;确保当代人和后代人对农产品的需要得到满足;发展的技术适当,经济上可行,被社会所接受。可见,可持续农业的实质就是既不以破坏农业再生资源、降低环境质量为代价,换取农业的发展,也不是仅以环境质量或生态平衡作为唯一的或首要的目标强调环境和资源的保护;而是把保护环境和提高农业资源的利用与满足人类需要相结合,达到生态合理、发展持续之目的。

随着巴西国际会议的结束,我国政府率先推出了中国可持续发展的纲领性文件——《中国21世纪议程——人口、资源和环境白皮书》,由于我国水土资源的限制、人口的增加,农业可持续发展已被列入我国21世纪议程之中,并作为农业发展的一项目标,得到了自上而下的普遍关注,正在成为我们制定农业发展战略、规划和具体决策的指导方向。

7.1.2　我国农业可持续发展的制约因素

从全国各地的资料来看,我国农业整体上处于不可持续发展的局面,主要表现为耕地面积日益减少,人口对资源、环境的压力更大,水资源分布不均现象严重,农业灾害发生更加频繁,环境污染现象更加严重。具体表现为以下几个方面。

(1)耕地资源日益缺乏。土地是限制我国农业可持续发展的一个重要因素,突出表现为耕地面积的变化,国家统计局的数据表明,2000年年底,我国人均耕地面积仅为0.1 hm^2,为世界人均耕地的45%。随着人口的不断增加,我国人多地少的矛盾将更加尖锐。

(2)人口数量逐年增加,超过资源的承载能力。人口的无节制增长及人口素质的下降,始终是我国农村生态环境改善和农村经济发展的一大制约因素。我国以占世界7%的土地养育了占世界22%以上的人口是个奇迹,但奇迹的后面隐藏着巨大的生态危机。我国的许多生态问题、环境问题无不与人口重负问题直接相关。

(3)农业化学品的大量使用、乡镇企业的迅速发展,加速了城市及农村的环境污染。改革开放以来,我国农业得到了迅速发展,但这种发展主要是靠化肥、农药、除草剂等化学品的大幅度投入来实现的。近20年来,我国化肥的单位施用量超过世界平均用量的1倍多。化肥的利用率只有30%~40%,其余60%~70%的化肥进入环境,污染水体和土壤,进而影响农作物的质量。由于多年来我国农业过度追求产量,忽略了生态效益,造成了毁林开荒、过度放牧、化肥农药的过度使用等,从而加重了自然灾害的破坏力度。

(4)淡水资源严重短缺。我国淡水资源仅占世界的8%,人均拥有水资源仅为世界人均量的1/4,是世界上公认的贫水国。我国水资源的特点:一是缺水严重。除城市、工业缺水严重外,全国农田平均受旱面积由20世纪70年代的1 133 hm^2,增加到1997年的3 333 hm^2,2001年全国累计受旱面积更增加至3 846万 hm^2,成灾面积2 373.3万 hm^2。二是水利用效率低,水资源浪费严重。目前,我国农业灌溉水的利用系数仅为0.3~0.4,

水的粮食生产效率为 0.8 kg/m^3，不及发达国家的 1/2。三是开采利用不合理，加上河流上下游用水缺乏科学规划和统筹调度，近年来，争水、断流经常发生，导致环境退化严重，旱化加剧，生物多样性受损。四是水污染没有得到根本的控制。

7.1.3　我国农业可持续发展的原则

从可持续农业的概念可以看出其目标是明确的，但由于各国具体情况的不同，对实现可持续农业的认识也存在明显的差异，北美和西欧发达国家对实现农业可持续发展的认识明显受农业生产过剩的影响，并不适用于我国农业的发展状况。我国关于可持续农业的研究目前还没有形成完全的共识，对中国实现可持续农业一般原则的认识如下：

(1)提高农业综合生产能力的原则。可持续农业赋予现代化农业新的重要特征，但并不能取代农业现代化的全部内容，更不能由此而忽视甚至否定农业现代化。我国至今尚未实现农业现代化，而且面临巨大的人口压力，如果农业不能解决未来"16 亿人口的吃饭问题"，不能成为支撑国民经济和社会快速发展的基础产业，那么农业的可持续就从根本上失去了意义。因此，高效、优质、高产农业在 21 世纪初期仍应是我国农业发展的基本方针。从这一点上看，我国不可能依靠压缩农业生产来解决农业用水的供需矛盾，而只能大幅度提高水资源的利用效率以支持农业的进一步发展。

(2)经济效益、社会效益和环境效益协调发展的原则。协调发展就是强调农业生产、经济效益、资源利用、生态保护的均衡性。只注重增产与经济效益而不顾资源和环境的短期行为必将受到历史的惩罚；但只强调资源和环境保护而忽视生产和经济效益，农村经济得不到发展，农民生活水平得不到提高，资源和环境保护最终将成为空话。实现协调发展有时会牺牲暂时的、局部的经济利益，这些局部的经济损失必须通过提高农业用水效率、调整农业结构等措施来逐步解决。

(3)优化配置和高效利用农业资源的原则。我国农业的可持续性实质上是要正确处理人与资源、人与环境、环境与资源三者的关系，对于短缺的农业资源不能采取加大投入的外延发展模式，而只能采取降低投入但提高利用效率的内涵发展模式。在农业资源中，土地资源一向被认为是最主要的制约因素，但土地资源、森林资源、草地资源、生物资源的配置、保护和高效利用大多受水资源的制约。我国耕地的 64% 分布在长江以北地区，而该地区的水资源量却仅占全国的 19.6%。水土资源配置上的不均衡加剧了农业资源合理配置和保护的难度，因此水土资源配置状况和气候条件，决定了水资源是我国农业可持续发展具有决定作用的制约因素。

(4)统筹规划、分阶段实施的原则。统筹规划就是不能走类似"先污染后治理"的发展工业的老路，在发展农业时必须统筹考虑经济、社会、环境，生产、效益、资源、生态的协调。分阶段实施主要是由于实现可持续农业的目标是一个艰巨的长期过程，这是我国国民经济和农业发展现状所决定的，也是我国人多地少、水资源短缺的国情所决定的。

7.1.4　水资源的可持续利用与农业的可持续发展

由我国实现农业可持续发展的一般原则可见，无论实现农业可持续发展的道路如何确定，在可预见的农业技术发展条件下，水始终是最主要的制约因素，水资源的可持续利用是农业可持续发展实现的决定性条件,以水资源的可持续利用保证农业的可持续发展是我国农业的唯一选择,只有在水资源可持续利用的基础上才能谈农业的可持续发展。

实现水资源可持续利用的关键是优化配置、高效利用和有效保护水资源,而节水农业就是在充分利用降水和可用水资源的前提下,采取水利措施、农业措施和管理措施,提高水资源的利用效率,促进水资源的优化配置和有效保护。因此,要想实现水资源的可持续利用,就必须进行节水农业的研究。

节水农业包括工程措施节水、农业措施节水和管理措施节水三方面,是更加完整的节水概念。工程措施节水主要是指采取一些工程措施来提高水的利用率。例如,进行渠道防渗处理、改渠道输水为管道输水、改大水漫灌为喷灌和滴灌等。农业措施节水主要包括耕作措施节水、种肥措施节水和化学制剂措施节水。通过这些措施来减少土壤表面无效蒸发量,改善作物根层土壤水分、养分、温度状况,提高单位蒸腾量的光合效率,达到节水增产的目的。管理措施节水主要包括加强工程管理、改进灌溉制度、推行高效节水灌溉制度、加强墒情监测、健全水管理法规、推进体制和机制改革。

由于节水的潜力有 50% 是在管理上,因此在本章的研究中主要是从管理上对灌区水资源进行可持续利用研究。

7.2　区域农业水资源可持续利用优化管理模型

7.2.1　灌区水资源优化配置的分解协调模型

水资源在农业可持续发展中具有重要的作用,并具有不可替代性。随着经济的发展,水资源供需矛盾越来越大,同时水资源的水质以及时空分布不均等问题日趋严重,促使人们从区域的概念出发,从水量、水质及其对环境和社会的影响出发,综合评价各地区、各部门的水资源供需状况,协调各地区、各部门间的水资源分配,以使区域水资源得以充分、合理的利用。

作者在查阅了大量的国内外研究成果以后认为,目前水资源系统的管理模型主要为水力、水质模型和经济管理模型,缺少水资源、环境、经济和社会等综合一体化的管理模型。1998 年冯尚友提出了水资源持续利用系统规划的思想,他认为,要在满足区域经济社会发展用水的同时,维持和促进环境与发展的协调及持续这一指导思想;所规划的每个可行方案,都涉及国计民生、生态环境的诸多方面,因素众多,关系复杂,需通过技术、经济、环境和社会诸多准则(或目标)进行综合评价,才能从中选出满意的方案作为最优决策。但这种实用模型至今尚未见到。

据以上综述可预测今后的水资源系统管理模型的发展趋势为:贯彻可持续发展的原则,以获取最大经济效益,同时考虑水质和环境的水资源分配的多目标、多级优化的综合管理模型将是未来规划发展的趋势。

基于以上思想,本书认为,考虑到北方水资源匮乏的现状及灌溉对农业生产的重要性,为实现区域水资源的可持续利用,在保证工业和生活需水的前提下,在保护环境和实施可持续发展思想的基础上,遵循我国农业的可持续发展原则,把节水和高效用水作为重要的指导原则，建立区域农业水资源的综合管理模型，对农业水资源进行优化分配。

考虑到区域农业系统的复杂性和多指标性，本次研究结合大系统分解协调理论，将所研究的农业水资源系统分成相对独立的若干个子系统，形成递阶形式，以便对各子系统进行局部优化；并根据大系统的总目标，使各子系统相互协调起来，以获得系统的全局最优。因此，在研究的过程中，基于可持续发展的观点，采用工程模糊集理论对典型灌区进行研究，对其农业水资源进行优化设计，制定合理的区域配水、种植结构、作物配水及作物的灌溉制度，对有限的水资源进行时空优化分配，对典型灌区的地表水和地下水进行联合调度，对灌溉方式进行优选，并对节水灌溉的工程措施进行优选，力求在缺水地区的水资源可持续利用管理模型方面和指导实施调度方面作出尝试。

在对灌区进行研究时，首先依据灌区的水利区划、土壤质地、水系分布等实际情况，根据大系统可分性原理，将灌区分为不同的子区，再针对各子区的种植结构进行作物灌溉制度研究。

在灌区总供水量不足的情况下，合理的水量分配应是将有限的水量最优地分配给不同的子区，再由子区最优地分配给不同的作物，各种作物在获取一定的灌溉水量后，又应将它在不同生育阶段进行合理分配，从而确定水资源最优配水过程，以使灌区综合效益（包括经济效益、社会效益和环境效益等多种效益目标）最大。

不同子区之间的配水属于灌区总系统的优化分配，多作物之间的分配属于每个子区子系统的优化分配，作物各生育阶段之间的配水属于每种作物子系统的优化分配。将作物子系统作为第 1 层，子区子系统作为第 2 层，灌区总系统作为第 3 层，通过供水量将 1、2、3 层联系起来，则成为一个具有三层谱系结构的多级多目标的大系统，适宜用大系统分解协调模型求解。基于以上思路，建立了求解灌区灌溉供水量最优分配的分解协调模型，如图 7-1 所示。

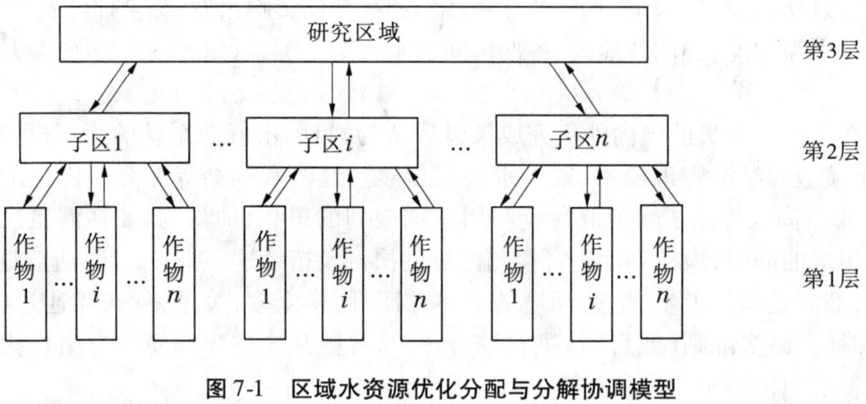

图 7-1　区域水资源优化分配与分解协调模型

7.2.2　模型的求解思路

在进行模型求解的时候，首先对第 1 层作物灌溉制度进行优化设计，得到一组在给定灌溉水量的情况下，作物产量与灌溉水量的对应关系，并将这些决策信息传递给第 2 层。第 2 层以第 1 层的决策作为输入，在没有外来引水量的情况下，综合考虑经济、生态、社会等多个目标，假如各种作物的经济灌溉定额已定，此时只需对作物的种植面积进行优化；

假如各种作物的经济灌溉定额未知,则要对作物种植面积和作物可利用水量同时进行优化,并将以上优化结果传递至第 3 层。第 3 层在接到以上信息后,考虑外来引水和区间引水等多种因素后,对可调配的水量在子区间进行分配,并进行变量的协调。第 3 层优化协调的结果,将自上而下传至第 2 层,第 2 层在收到协调结果后,再次在子区内进行优化分配,并将优化结果传递给第 3 层,第 3 层在接受到优化结果后再次对可分配水量进行协调,并将协调结果传递给第 2 层,第 2 层再次进行优化,如此反复进行,直到达到全局最优为止。一般来说,在考虑综合效益的情况下,可采用单方水所产生的综合效益相等作为衡量是否达到最优的标准。

为实现灌区水资源的可持续利用,本次研究是以非充分灌溉理论为依据,引入工程模糊集理论,系统地建立了区域农业水资源可持续利用水量分配模型,包括考虑作物种植风险时,作物非充分灌溉制度的多目标优化模型、农业种植结构的多目标模糊优化模型、作物非充分灌溉制度的随机多目标优化模型、灌水技术方案优选的多目标模糊识别方法,并将以上模型和方法系统地在典型灌区进行了应用。

7.3　实　例

7.3.1　灌区基本情况

7.3.1.1　社会经济水平及农业生产状况

本次研究以宁陵县作为典型区。该县地处豫东平原,位于东经 115°15′~115°30′,北纬 34°14′~34°37′,南北长 37.5 km,东西宽 19.5 km。截至 2000 年年底,全县共有乡镇 15 个行政村 1 074 个,是一个典型的农业县,总土地面积 785.5 km^2,农业耕地 67.8 万亩,总人口 58.78 万人,其中农业人口占 94.8%,农业人均耕地 1.15 亩。

宁陵县农业经济结构以种植业为主,畜牧业次之,乡镇企业、林业、渔业的生产水平较低。其主要农作物有小麦、玉米和棉花。在 2000 年的农业总生产值中,以粮为主的农业占 77.4%,畜牧业占 14.5%,乡镇企业占 7.24%,林业占 0.84%,渔业占 0.02%。种植业以粮食为主,经济作物所占比重偏低。2000 年粮食作物播种面积占 70% 以上,而经济作物播种面积仅占 28% 左右,其他作物播种面积占 2% 左右。

该县工业自新中国成立以来有很大的发展,2000 年工农业总产值为 37.85 $\times 10^8$ 元,其中工业总产值为 25.85 $\times 10^8$ 元,农业总产值为 12.0 $\times 10^8$ 元。现有工业企业 72 个,在整个工业结构中,轻工业所占比重较大,其中酿酒业、粮食加工业、食品工业占有重要的地位。

2000 年宁陵县职工年平均工资为 6 000 元左右,而农民人均纯收入则在 1 600 元左右。由以上指标可以看出,宁陵县农民家庭生活并不富裕,急需进一步提高。

7.3.1.2　水文、气象及水资源状况

宁陵县气候属于暖温带半湿润的季风气候,具有典型的温带季风气候特点:四季分明,春季干燥多风、夏季炎热多雨、秋季凉爽晴朗、冬季寒冷少雪。多年平均降水量为 662.6 mm,次降雨量在本县境内差异不大,年内雨量分配极不均匀,7、8 两个月的降雨量占全年降雨量的 50% 左右。由于调蓄工程少,降水利用率很低;在作物生长需水量最大

的5、6两个月，作物蒸发量高达降雨量的2.5倍。水量分配不均且与作物需水耦合性差，对农业生产极为不利。另外，降水在年际间变化剧烈，历史最大年降水量为1 040.1 mm（1979年），而历史最小年降水量仅为324.6 mm（1966年）。

宁陵县年均降水总量为5.2×10^8 m^3，地下水多年平均补给量为1.3×10^8 m^3，地下水允许开采量为1.12×10^8 m^3。浅层地下水分布不均，富水区面积占全县总面积的39.3%，中等富水区面积占全县总面积的37%，贫水区面积占全县总面积的23.3%。主要河流有大沙河、古宋河、陈两河、废黄河、清水河和洮河等。

按水资源、土壤等条件相似的原则，并考虑与省、地区划的一致，全县的水利区划分为4个区：Ⅰ区为堤北高滩区，为黄河故道高滩旱地，总人口27 978人，总土地面积为40.8 km^2，耕地面积为31 811亩，土质以淤土为主，大部分属浅层富水区；Ⅱ区为堤南背河洼地区，总人口29 802人，总土地面积为42.9 km^2，耕地面积为29 802亩，由于地势低洼，地下水位较高，该区易发生盐碱灾害；Ⅲ区为大沙河流域区，总人口352 399人，总土地面积为510.32 km^2，耕地面积为408 905亩，该区地势平坦，北部和南部为中等富水区，其余地区为贫水区；Ⅳ区为惠济河流域区，总人口149 817人，总土地面积为191.48 km^2，耕地面积为180 355亩，该区地势低洼，地下水资源较丰富，大部分地区为浅层富水区。

7.3.1.3　典型区水资源利用存在的主要问题

宁陵县是一个农业县，但由于土地、水资源以及其他社会因素的限制，农业发展受到极大限制。目前，该县农业发展所面临的主要问题可以归纳为以下几方面。

（1）该县地形平坦，土层深厚，土壤种类多且适种性较广，农作物以小麦、玉米、大豆、棉花为主，目前开发利用程度已较高，复种指数高达1.7以上，进一步提高复种指数已相当困难；另外，在国家加快城市化步伐的大环境下，宁陵县也在加快其城市建设，耕地面积面临日益减少的威胁，因此挖掘农业生产的潜力只能依靠现有耕地。

（2）水资源严重不足，限制了农业的发展。全县水资源总量为1.81×10^8 m^3，其中地表径流量为0.50×10^8 m^3，浅层地下水量为1.40×10^8 m^3。人均占有量为421 m^3，亩均量为258 m^3。以目前保灌面积为基础，根据不同水平年的灌溉定额、种植比例、水资源利用系数等因素综合分析，农业需水量为：平水年1.22×10^8 m^3，75%频率干旱年1.39×10^8 m^3；而农业可利用的水资源量在平水年为1.15×10^8 m^3，75%频率干旱年为0.80×10^8 m^3。可见，该县在平水年已出现少量缺水现象，缺水量占需水量的20%左右，而干旱年则缺水50%左右。

（3）抵抗自然灾害的能力弱，旱灾是该县的主要自然灾害，气象资料表明，在1959～1981年的23年中，共发生22次旱灾，尤其以春旱和秋旱危害最大。由于有效的灌溉面积少，60%以上的耕地无灌溉保证，处于大灾大减产、小灾小减产的状况。

（4）用水缺乏管理，水资源浪费严重。灌溉中普遍采用大水漫灌方式，灌溉定额高达200 m^3/亩，用水效率低，地下水资源开采缺乏合理规划，个别地区超采严重，甚至造成了地下水位的持续下降，形成了降落漏斗。由于以上原因，使得全县有效灌溉面积仅为28万亩，占总耕地的40%。农民在灌溉过程中的盲目浪费，使原本短缺的水资源愈发短缺。

（5）为缓解水资源的短缺，宁陵县每年自黄河引水600万 m^3，由于近年来黄河流域人口和工业需水的激增，20世纪90年代黄河断流问题越发突出，甚至出现了“四年三断流”

的情况，为保证沿黄各单位的用水，有关部门已对各地引水量作出了限制。因此，目前的问题就是如何在现有水量的前提下，提高农业的综合效益，以满足社会、经济等多方面的需要。

为妥善解决宁陵县农业生产中存在的上述问题，在本次研究中应遵从以下的原则：应在考虑社会需求、经济效益以及环境等的前提下，提高水资源利用效率，利用非充分灌溉理论，对水资源进行优化管理，充分利用现有水资源，确定合理的灌溉定额，以扩大有效的灌溉面积，使有限的水资源发挥更大的效益；按照自然条件和市场及社会的需要，因地制宜地采取措施，调整农业产业结构，确定各种作物的最优种植面积，并对各种作物的具体灌水方式及灌溉方式进行优化设计。达到节约用水的目的，实现水资源的可持续利用，支持当地农业及社会经济的可持续发展。

在灌区总灌溉水量不足的条件下，应将有限的水土资源最优地分配给不同的作物，确定每种作物最优种植面积及分配水量。由于作物的最终产量不仅与灌水量有关，而且与其在作物生育期内的分配关系密切，所以各种作物在获取一定灌溉水量后，又应将它在不同生育阶段进行合理分配，从而确定水源的最优配水过程，以使灌区综合总效益最大。为求解上述问题，采用图 7-1 的多层递阶结构建模，以达到降维和便于求解的目的。在第 1 层单一作物最优灌溉制度 DP 模型中，采用确定性多维多目标模糊优选模型，虽然也有学者采用了随机技术，但都是以作物产量最高或效益最优作为优化目标；在第 2 层子区子系统的优化中，目前对多作物水土资源进行综合优化分配的不多，并且都是以追求子区总产量或者净效益最大作为最终目标，这对农业的可持续发展不利，还应考虑社会、经济、环境、种植风险等多个目标。因此，在宁陵县区域农业水资源分配中，本次研究采用 3 层的递阶模型，用分解协调技术求解缺水条件下灌区有限水土资源最优分配。宁陵县水资源优化分配分解协调模型见图 7-2。其中，第 1 层是单作物优化模型；第 2 层是子区子系统优化模型，子区的划分依据水利区划分为 4 个子区；第 3 层为协调层，在本次研究中将引黄水量作为协调变量。

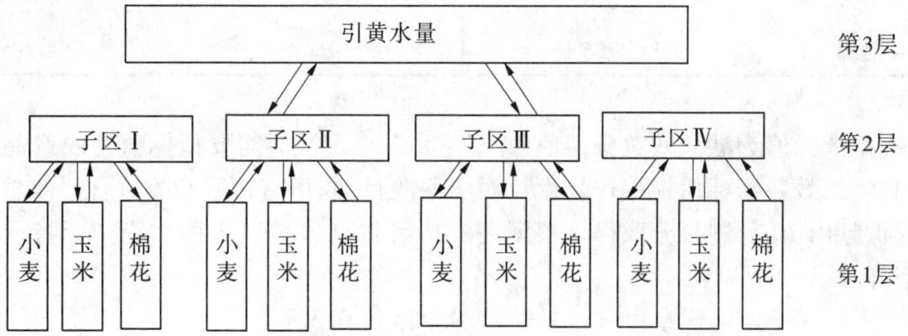

图 7-2　宁陵县水资源优化分配分解协调模型

在进行灌区优化时，首先是第 1 层的优化，研究中采用第 2 章提出的考虑风险指标时，作物非充分灌溉制度多目标优化模型，并用多维多目标模糊优选动态规划方法对模型进行求解，把由第 2 层（子区子系统）分配给第 k 种作物的灌溉水量 Q_k，在该作物的生育期内进行最优分配，使作物的相对优属度最高；第 2 层采用第 3 章提出的作物种植结构的多目标模糊优化模型进行优化分配，用线性规划的手段进行求解。在第 2 层优化过程中需要利用第 1 层反馈的效益指标——最大相对产量，把有限的灌溉水量 Q 和土地面积 A 在 M 种作物之间进行最优分配，并将各个分区的综合效益传至第 3 层；第 3 层在收到第 2 层的反馈后，在保证灌区综合效益最大的前提下，将引用的黄河水量在各分区进行优化分配，并将优化的结果传至第 2 层，第 2 层在收到结果后，又在各分区进行种植结构优化与水量分配，每种作物在得到水量后再在各生育阶段进行水量分配。由于在进行优化时采用的是确定年型，实际进行操作时，并不能预测作物整个生育阶段的降水量，而灌溉制度与作物生育期降雨量的大小及时程分配密切相关，因此第 1 层在收到第 2 层的优化结果后，采用第 5 章提出的考虑降雨随机时的随机多目标模型进行具体灌溉制度的确定，以更加充分地利用水资源，特别是充分利用雨水资源。

7.3.2　计算结果

7.3.2.1　宁陵县单一作物的多目标非充分灌溉制度的制定

在制定灌溉制度时，除考虑了常规的产量指标外，还考虑了风险指标，单一作物的多目标非充分灌溉制度的具体模型和结果见第 2 章的 2.3 节及表 2-3。

7.3.2.2　宁陵县作物种植结构的多目标模糊优化模型及优化结果

应用模型式(3-14)和权重计算式(3-27)对宁陵县灌区的 4 个子灌区的 3 种灌溉作物的种植面积进行优化。以子区Ⅲ为例，该灌区种植有冬小麦、夏玉米和春播棉 3 种农作物，综合效益以经济效益、社会需要和生态效益作为评价指标，指标的特征值见表 7-1，其

表 7-1　指标的特征值

作物类型	指标特征值		
	经济效益(元/hm^2)	社会需要	生态效益
冬小麦	1 440	80	6
夏玉米	336	40	7
春播棉	756	25	4

中，经济效益指标值为灌溉效益分摊值(单位：元/hm^2)，社会需要指标值为农产品的商品产量比例，生态效益指标值根据作物生长对土壤改良、农田有机质和养分含量改善以及空气净化的贡献由 10 分制打分取得。根据表 7-1，可得到该灌区 3 种作物指标特征值相对隶属度矩阵 $\boldsymbol{R}$ 为

$$\boldsymbol{R}=\begin{bmatrix}1.0 & 0.223 & 0.525\\ 1.0 & 0.5 & 0.312\,5\\ 0.857\,1 & 1.0 & 0.571\end{bmatrix}$$

从而得到指标权重矩阵 $\boldsymbol{W}$ 为

$$\boldsymbol{W}=\boldsymbol{R}^{\mathrm{T}}=\begin{bmatrix}1.0 & 1.0 & 0.857\,1\\ 0.223 & 0.5 & 1.0\\ 0.525 & 0.312\,5 & 0.571\end{bmatrix}=(w_{ji})_{3\times3}$$

当 $p=2$ 时,由式(3-27)得到指标的非归一化权向量为

$$w(i) = (0.381, 0.407, 0.704)$$

则指标的归一化权向量为

$$w(i) = (0.256, 0.273, 0.472)$$

由式(3-13)得

$$u_j = (0.995, 0.802, 0.478)$$

结合其他资料,可得该灌区 $P=75\%$ 的灌溉水资源优化模型为

$$\max Z = 0.995a_1 + 0.802a_2 + 0.478a_3$$

约束条件有:

水量约束

$$1\,800a_1 + 1\,500a_2 + 1\,700a_3 \leqslant 4\,465.8 \times 10^4$$

面积约束

$$a_1 + a_2 + a_3 \leqslant 2.926 \times 10^4$$
$$1.2 \times 10^4 \leqslant a_1 \leqslant 2.67 \times 10^4$$
$$1.2 \times 10^4 \leqslant a_2 \leqslant 2.67 \times 10^4$$
$$0.33 \times 10^4 \leqslant a_3 \leqslant 1.33 \times 10^4$$

采用线性规划求解该模型,得到子区Ⅲ冬小麦、夏玉米和春播棉 3 种作物的最优种植面积分别为 $1.3 \times 10^4\ hm^2$、$0.73 \times 10^4\ hm^2$、$0.585 \times 10^4\ hm^2$,在各作物经济灌溉定额一定的条件下,相应的灌溉水量分别为 $2\,340.0 \times 10^4\ m^3$,$1\,095.0 \times 10^4\ m^3$、$994.5 \times 10^4\ m^3$。

对其他的子区进行同样的优化,得到各子区在没有外来引水的情况下,在各作物经济灌溉定额一定的条件下,各作物的最优种植面积见表 7-2。

表 7-2　各子区作物种植面积及水量优化($P=75\%$)

各分区	冬小麦		夏玉米		春播棉	
	面积($10^4\ hm^2$)	水量($10^4\ m^3$)	面积($10^4\ hm^2$)	水量($10^4\ m^3$)	面积($10^4\ hm^2$)	水量($10^4\ m^3$)
子区Ⅰ	0.065	117.0	0.057	85.5	0.035	59.5
子区Ⅱ	0.103	185.4	0.067	100.5	0.045 2	76.84
子区Ⅲ	1.3	2 340.0	0.73	1 095.0	0.585	994.5
子区Ⅳ	0.4	720.0	0.13	195.0	0.26	442.0

7.3.2.3　宁陵县区域内水量的优化分配

在有外来引水的情况下,需要将该部分外来水在各子区间进行优化分配(见图 7-3)。在考虑多目标优化的前提下,为实现最优的水量配置,本章采用单方水所产生的综合效益相等作为衡量是否达到最优的标准。

在进行优化时,首先将外来引水在有引水条件的各子区内,按照给定的方案进行分配,各区在得到外来引水后,与该区原有的水量一起进行优化分配,能够得到该区的综合

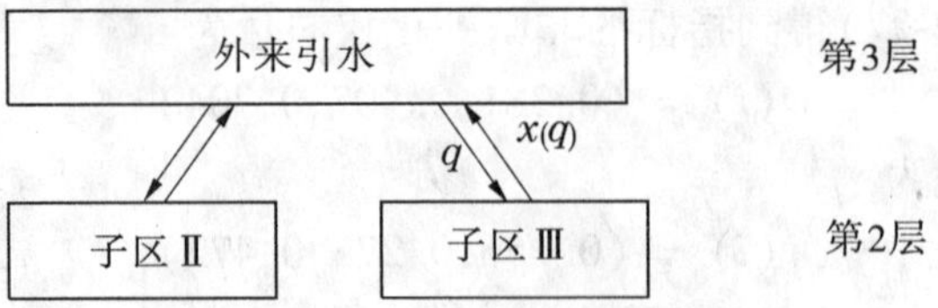

图 7-3 外来引水优化分配示意图

效益和单方水所产生综合效益，并将单方水所产生的综合效益值 $x(q)$ 传至第 3 层，第 3 层在收到第 2 层的反馈信息后，对各区的分配水量进行调整，再次将各区所得水量反馈至第 2 层，第 2 层在得到反馈信息后再次进行优化，并再次将单方水所产生的综合效益值传递至第 3 层。第 3 层在第 2 层优化的基础上进行协调，直至各区单方水所产生的综合效益值相等。

由于宁陵县只有Ⅱ区和Ⅲ区具有引水条件，因此只需在这两个子区内进行引黄水量的优化分配。经过模型的优化分配，得到典型年型下对应的水量分配情况和各子区种植结构及水量优化结果，见表 7-3 和表 7-4。

表 7-3 引黄水量优化分配

水文年型	子区	引黄水量分配(10^4 m^3)
75%	Ⅱ	35.34
	Ⅲ	564.66

表 7-4 子区种植结构及水量优化($P=75\%$)

子区	冬小麦		夏玉米		春播棉	
	面积(10^4 hm^2)	水量(10^4 m^3)	面积(10^4 hm^2)	水量(10^4 m^3)	面积(10^4 hm^2)	水量(10^4 m^3)
子区Ⅱ	0.136	244.8	0.067	100.5	0.045	76.5
子区Ⅲ	1.632	2 937.6	0.732	1 095.0	0.585	994.5

由于在实际生产中，面临阶段的来水是随机的，采用多维随机模型制定该区作物最终的灌溉制度，计算结果见表 5-3。

7.4 小 结

本章在农业可持续观的指导下，以非充分灌溉理论作为理论基础，结合模糊集理论，提出了区域农业水资源可持续利用的多目标优化分配管理模型，克服了过去模型盲目追求经济效益，忽视社会效益与生态环境效益的不足，为可持续农业水资源的规划、管理提供了模型参考，在区域水资源综合一体化管理方面作出了尝试，初步形成了一个全面考虑社会、经济、环境协调发展的农业水资源优化分配框架体系，但模型考虑的因素尚存不足。

具体表现在以下几个方面。

(1)在对作物进行灌溉时,若模型能够实现在对面临阶段降水预测的前提下,根据降水量的大小对作物的灌溉制度进行实施修正,则能使模型更为贴近生产实际。另外,若能将优化技术与遥感技术相结合,根据田间的土壤墒情对作物进行实时灌溉控制则是下一步有待解决的实际问题,该问题的妥善解决将促使灌区依据非充分灌溉理论进行的水量优化分配从理论研究走向生产实际。

(2)在模型的优化过程中,对地表水、地下水的联合调度还未进行深入研究,特别是地下水的动态调控问题;另外,对于土壤中盐分运移规律的研究尚未涉及,这主要是由于北方干旱地区的地下水位在逐年下降,不需要进行地下水位的控制,但在地下水位较高的地区,在蒸发量大的春秋季节仍需要对水盐问题进行研究,寻求水盐平衡的灌溉制度。

第8章　水量订单制度下黄河下游灌区水资源实时分配模型及管理软件开发

黄河水资源的日益短缺给沿黄地区的经济和社会发展均造成了巨大的损失,下游地区的缺水问题尤为严重。农业是引黄的用水大户,为缓解沿黄特别是下游地区的水资源短缺问题,急需对引黄灌溉水资源进行优化调度,提高水的利用效率和生产效率。

黄河水资源调度是一个复杂的非结构性问题,涉及大量的指标和不确定性因素。过去对黄河水资源的分配研究多是围绕黄河干流进行的宏观研究,一般是基于数学规划或仿真手段建立数学模型,通过优化或模拟技术进行优化调度研究,缺乏针对区域的微观黄河水资源分配研究。另外,由于实际的运行调度体制和理论研究间的巨大差异,往往导致理论成果与实际调度的严重脱节。因此,在现行调度体制下如何有效地提高水资源管理水平和水资源利用效率是关系沿黄地区可持续发展的一个重要课题,但相关的研究还未见到。

黄河下游地区自2001年开始实行水量订单制度以提高引黄水的利用效率,避免水量浪费和下游断流问题。目前,水量订单的制定基本是基于经验和申请者的主观意志,订单往往比实际需水量值大很多,造成水管理部门难以按订单值供水;加之水资源的优化分配涉及诸多不确定性因素的影响,现有水量订单的制定办法极不利于水资源的有效利用。在现有调度体系下,制定实时的需水预测,充分利用雨水资源,实时申报水量订单对目前紧缺的黄河水资源具有特殊的意义。

紧密结合黄河下游地区的调度体制和水量订单制度,本书提出了黄河下游引黄灌区水资源实时分配和管理模型,模型充分考虑了土壤墒情、雨水资源及天气情况等的影响,建立了实时的作物需水预测模型和灌区实时水量订单模型,并基于模糊聚类理论提出了缺测资料地区不同天气情况对作物需水量影响的确定方法。结合典型灌区进行模型应用并开发了相应的用水管理软件,该软件能够根据灌区来水情况给出用水建议,为引黄灌区水资源优化利用及实时调度提供决策参考,为提高引黄灌区水资源利用效率作出理论指导和建议。模型和软件可广泛用于黄河下游灌区的管理和调度。

8.1　引黄灌区实时需水预测及水量订单模型

8.1.1　作物实时需水预测模型

作物需水量是灌区需水预测的基础,已知气象资料时常采用修正的彭曼公式计算参考作物需水量 ET_0,即

$$ET_0 = \frac{\frac{P_0}{P}\frac{\Delta}{\gamma}R_n + E_a}{\frac{P_0}{P}\frac{\Delta}{\gamma} + 1} \tag{8-1}$$

式中：$\frac{P_0}{P}$为气压订正项，P_0为海平面标准大气压，P为计算地点的实际气压，hPa；Δ为饱和水汽压—温度曲线上的斜率，hPa/℃；γ为湿度计常数；R_n为太阳净辐射，mm/d；E_a为干燥力。

但在实时需水预测过程中，由于气象资料的不可完全预知性，式(8-1)中部分参数不能确定，因此需要寻求合适的方法进行作物需水量的计算。

由于研究区域缺乏资料，文中据华北三个地区的长期历史气象记录，用式(8-1)计算出逐年、月的ET_0，按晴、云、阴、雨4种天气类型进行分类统计，发现在同一地区的相同月份内、相同天气类型下ET_0的数值十分稳定，适宜采用模糊聚类的方法进行聚类分析，得到不同天气类型的聚类中心s。用s值对多年平均相应时段的ET_0进行实时修正，预报出面临阶段在相应天气下的参考作物需水量ET'_0(mm/d)，聚类中心的确定办法见8.2节天气类型对作物需水量影响的聚类分析部分内容。

$$ET'_0 = s \cdot ET_0 \tag{8-2}$$

采用半经验公式进行作物需水量ET的计算，即

$$ET = ET'_0 \cdot K_c \cdot K_\omega = s \cdot ET_0 \cdot K_c \cdot K_\omega \tag{8-3}$$

式中：K_c为作物系数，由作物种类和生育阶段确定；K_ω为土壤水分修正系数，由面临阶段的土壤平均含水率确定。

8.1.2　作物实时灌溉预报

常规灌溉用水计划是根据历史资料，依据典型水文年制定的“静态”用水计划。若面临年实际的气象、水文情况与历史典型年差异较大，则难以有效地指导用水。“动态”用水计划是以实时灌溉预报为依据的动态取水、配水与灌水计划，是利用实时监测信息，通过灌溉模拟做出最优灌溉决策的实时灌溉调控措施，能够有效地提高灌区水资源利用率。考虑降水过程和气象条件的随机性和不可重复性，以及引黄灌区水资源的紧缺性，本研究中水量订单的制定以实时灌溉作为依据。

结合引黄灌区灌溉面积相对集中、规模较大的特点，研究中采用正推法。首先依据气象部门提供的预报时段的天气情况(如天气类型、降水预测等)和由灌区管理部门提供的面临阶段初土壤墒情数值等一系列实时的监测数据和预测值作为输入，结合当地的气象水文情况，通过计算机模拟，推算出面临阶段末的土壤含水率值，用该值和作物生长所需的最低土壤含水率进行对比，预测作物在面临阶段所需的灌水量及日期，并发布灌溉预报。根据来水及灌溉要求不同分为充分与非充分灌溉两种情况进行测报和用水管理。

作物需水量的实时预报和处理方法是实时灌溉预报的基础，依据面临阶段的天气状况预测及其模糊聚类中心，按照式(8-3)实时预报作物需水量后，按以下方法进行实时灌溉预报。

8.1.2.1 充分灌溉条件下作物需水量计算

对于水稻,泡田定额 M_i(mm)按式(8-4)确定:

$$M_i = h_0 + S_i + e_i t_i - P_i \tag{8-4}$$

式中:h_0 为插秧时田面所需的水层深度,mm;S_i 为时段内渗漏水量,mm;t_i 为泡田期的日数,d;e_i 为 t_i 时期内水田田面平均蒸发强度,mm/d;P_i 为 t_i 时期内的降雨量,mm。

生育阶段的灌水量 m_i(mm)按式(8-5)确定

$$m_i = h_i - h_{i-1} - P_i + S_i + ET_i + C_i \tag{8-5}$$

式中:h_{i-1}、h_i 分别为时段初、末田面水层深度,mm;P_i 为时段内降雨量,mm;C_i 为时段内排水量,mm;ET_i 为时段内作物需水量,mm,以实时预报值作为输入。

模拟过程中根据灌区实际,确定出水稻各生育阶段淹灌的适宜水层上、下限,降水后最大蓄水深度及渗漏量,逐旬计算。在各个计算时段末,根据灌区遥感信息系统的实测值对计算值进行修正,作为下一时段的初始值。

对于旱作物,播前灌灌溉定额 m_i(m^3/亩)为

$$m_i = 667H_i(\theta_{max} - \theta_0)n \tag{8-6}$$

式中:H_i为土壤计划湿润层深度,m;θ_{max}为田间持水率;θ_0为播前计划湿润层土层内的平均含水率;n 为 H 土层内的土壤孔隙率,以占干土重的百分比(%)计。

水量平衡方程式为

$$W_i = W_{i-1} + 0.667P_{0i} + W_T - 0.667ET_i + K_i + m_i \tag{8-7}$$

式中:W_{i-1}、W_i分别为时段初、末土壤中的含水量,m^3/亩;P_{0i}为时段内有效降雨量,mm;W_T为由于计划湿润层的增加而增加的水量,m^3/亩,按式(8-8)计算;K_i 为计算时段内地下水补给量,m^3/亩。

$$W_T = 667(H_i - H_{i-1})n\bar{\theta} = 667(H_i - H_{i-1})n\frac{\theta_{i-1} + \theta_i}{2} \tag{8-8}$$

式中:H_{i-1}、H_i 分别为时段初、末计划湿润层深度,m;θ_{i-1}、θ_i 分别为时段初、末土壤含水率;$\bar{\theta}$ 为计划湿润层土层内的平均含水率。

8.1.2.2 非充分灌溉条件下作物需水量计算

水资源的短缺和用水争端的日益激烈必将削减农业用水量,导致灌区水资源不再满足作物充分灌溉的需要。在灌区实际管理中,遇到的多是非充分供水条件下作物的灌溉用水管理问题。在非充分灌溉条件下,作物实时灌溉预报方法如下。

(1)水稻根据气象部门的短期天气预报获得面临阶段的降雨量和主要天气类型,按照生长期水量平衡方程式(8-5)进行预报,考虑各生育阶段非充分灌溉条件下适宜水层的上、下限(h_{max}、h_{min}),阶段末根据实际的田间水深对计算值进行修正。

(2)旱作物则依据来水情况和灌水程度,用式(8-9)计算。研究中分别按不同的模拟情况预测未来时段内农田土壤水分下降到土壤水分控制下限的时间,以及达到所需灌溉程度的灌水量;每一计算时段结束时以实测的土壤含水率值进行修正,作为下一计算时段的初始含水率。

$$m_i = 667nH_i(\theta - \theta_i)\theta_{max} \tag{8-9}$$

式中:θ 为灌溉所要达到的土壤含水率,以占田间持水率 θ_{max} 的百分数(%)计,研究中分

别按不同的模拟情况进行确定。

操作中只要输入灌溉所要达到的非充分灌溉百分率，系统通过逐旬模拟计算输出灌溉预报结果。

8.1.3　灌区总需水量计算

根据灌区的作物种植结构、作物生育期灌溉水量、各级渠系以及田间的水量损失、各干渠的控制灌溉面积进行渠系水量和总闸口的取水量计算和预报。逐旬灌区需水总量 W_t(10^4 m^3)为

$$W_t = \sum_{i=1}^{c}\sum_{j=1}^{l} m_j A_{ij}/k \tag{8-10}$$

式中：c 为干渠个数；l 为作物种类；m_j 为第 j 种作物在该旬灌水量，m^3/亩；A_{ij}为第 j 种作物在第 i 个干渠中的控制灌溉面积，10^4 亩；k 为灌区水利用系数。

闸口全年总需水量 W(10^4 m^3)为

$$W = \sum_{t=1}^{36} W_t \tag{8-11}$$

8.1.4　水量订单及水费管理

针对黄河管理部门调水配水和水费管理的实际需求进行了需水订单和水费管理方面的工作。依据前面的水量计算得到不同时段的需水量订单向水务管理部门申报，包括旬、月引黄水量订单，年度用水量订单以及实际的月用水量情况等，并作为历史数据存储在数据库中。

水费管理部分主要包括应征水费、实征水费、欠费和欠费滞纳金四部分。根据黄河用水水价的相关管理条例和现行的水价征收方案，考虑不同的用水部门和用水时段，忙时与闲时的水价差异，基于实际用水统计计算出相应的水费和水费管理报表。

8.2　天气类型对作物需水量影响的模糊聚类分析

制定水量订单的过程中需要预测面临阶段在预测天气类型下的参考作物需水量 ET_0'，由于研究区域缺乏长期的气象记录而无法预知 ET_0'，因此研究中根据邻近地区的长期气象记录及各年逐月 ET_0 值在晴、云、阴、雨 4 种天气类型下的统计，知同一地区的同一月份内，相同天气类型的 ET_0 值相对稳定，适用于进行分类研究。本书引入模糊聚类的方法寻求不同天气类型下 ET_0 的聚类中心，在实时需水预测模型中对 ET_0 进行修正。表 8-1 是我国华北不同地区、不同天气类型下多年平均逐月 ET_0 值。

设${}_i x_{kj}$为不同天气类型下的 ET_0，i 表示不同的地区，$i=1,2,3$；k 表示天气类型，$k=1,2,\cdots,4$；j 表示月份，$j=1,2,\cdots,12$。由表 8-1 得到 $i(i=1)$地区 j 月份 k 种天气类型下的特征值矩阵为

表 8-1 华北不同地区、不同天气类型下多年平均逐月 ET_0 值 （单位：mm·d）

月份	望都				藁城				临西			
	晴	云	阴	雨	晴	云	阴	雨	晴	云	阴	雨
1	0.53	0.39	0.35	0.31	0.49	0.45	0.36	0.25	0.68	0.64	0.44	0.35
2	0.94	0.83	0.69	0.61	1.06	0.88	0.67	0.42	1.03	0.99	0.79	0.48
3	2.06	1.72	1.41	0.90	2.15	1.77	1.22	0.89	2.77	1.97	1.24	1.01
4	4.21	3.09	1.98	1.41	3.76	2.93	2.44	1.29	4.09	3.57	2.84	1.40
5	5.84	4.99	3.70	2.48	4.75	4.50	3.41	1.60	5.07	4.58	3.57	2.00
6	6.30	5.17	4.09	2.93	5.75	5.07	3.87	2.30	6.41	5.21	4.12	2.98
7	5.05	3.94	3.24	2.66	5.16	4.38	3.41	2.29	5.66	4.43	3.28	2.47
8	4.23	3.28	2.56	2.47	4.07	3.48	2.97	1.87	4.44	3.85	2.70	2.10
9	2.88	2.15	1.67	1.41	2.90	2.46	2.19	1.47	3.12	2.68	1.90	1.57
10	1.78	1.52	1.23	0.92	1.85	1.54	1.33	1.11	2.05	1.77	1.42	1.06
11	0.77	0.73	0.67	0.51	0.70	0.60	0.57	0.50	0.89	0.76	0.68	0.49
12	0.46	0.42	0.40	0.29	0.38	0.30	0.19	0.17	0.57	0.53	0.40	0.35

$$
{}_1\boldsymbol{x}_{kj} = \begin{bmatrix} {}_1x_{11} & {}_1x_{12} & \cdots & {}_1x_{1,12} \\ {}_1x_{21} & {}_1x_{22} & \cdots & {}_1x_{2,12} \\ \vdots & \vdots & & \vdots \\ {}_1x_{41} & {}_1x_{42} & \cdots & {}_1x_{4,12} \end{bmatrix} = \begin{bmatrix} 0.53 & 0.94 & \cdots & 0.46 \\ 0.39 & 0.83 & \cdots & 0.42 \\ 0.35 & 0.69 & \cdots & 0.40 \\ 0.31 & 0.61 & \cdots & 0.29 \end{bmatrix}_{4\times 12}
$$

对该矩阵进行规格化，得到相对隶属度矩阵为

$$
\boldsymbol{R} = \frac{{}_ix_{kj}}{\max_i x_{kj}} \tag{8-12}
$$

式中：$\max_i x_{kj}$为 i 地区 j 月份的指标特征值最大值。

得到 i 地区 j 月份 k 种天气类型下作物 ET_0 对晴天 ET_0 的相对隶属度矩阵为

$$
{}_i\boldsymbol{r}_{kj} = \begin{bmatrix} {}_ir_{11} & {}_ir_{12} & \cdots & {}_ir_{1,12} \\ {}_ir_{21} & {}_ir_{22} & \cdots & {}_ir_{2,12} \\ \vdots & \vdots & & \vdots \\ {}_ir_{41} & {}_ir_{42} & \cdots & {}_ir_{4,12} \end{bmatrix} \tag{8-13}
$$

当 $i=1$ 时，有

$$
{}_1\boldsymbol{r}_{kj} = \begin{bmatrix} {}_1r_{11} & {}_1r_{12} & \cdots & {}_1r_{1,12} \\ {}_1r_{21} & {}_1r_{22} & \cdots & {}_1r_{2,12} \\ \vdots & \vdots & & \vdots \\ {}_1r_{41} & {}_1r_{42} & \cdots & {}_1r_{4,12} \end{bmatrix} = \begin{bmatrix} 1.00 & 1.00 & \cdots & 1.00 \\ 0.74 & 0.88 & \cdots & 0.91 \\ 0.66 & 0.73 & \cdots & 0.87 \\ 0.58 & 0.65 & \cdots & 0.63 \end{bmatrix}_{4\times 12}
$$

假设按对晴天 ET_0 的相对隶属度进行分类，即 $c=2$，则其模糊聚类矩阵为

$$
{}_i\boldsymbol{u}_{hj} = \begin{bmatrix} {}_iu_{11} & {}_iu_{12} & \cdots & {}_iu_{1,12} \\ {}_iu_{21} & {}_iu_{22} & \cdots & {}_iu_{2,12} \end{bmatrix} \tag{8-14}
$$

其中

$$\sum_{h=1}^{2} {}_iu_{hj} = 1 \tag{8-15}$$

$$0 \leqslant {}_iu_{hj} \leqslant 1 \tag{8-16}$$

$$\sum_{j=1}^{n} {}_iu_{hj} > 0 \tag{8-17}$$

设 k 种天气类型下 ET_0 的模糊聚类中心矩阵为

$$\boldsymbol{s}_{hk} = \begin{bmatrix} s_{11} & s_{12} \\ s_{21} & s_{22} \\ \vdots & \vdots \\ s_{k1} & s_{k2} \end{bmatrix}$$

则 j 月份样本与不同天气类型 ET_0 聚类中心 h 间的差异，可用广义欧氏权距离 $\| w_i(r_j - s_h) \| = \{ \sum_{k=1}^{m} [w_i({}_ir_{kj} - s_{kh})]^2 \}^{\frac{1}{2}}$ 表示，m 为天气类型总数。以 u_{hj} 为权重得到样本 j 与类别 h 间的加权广义欧氏权距离为

$$F(u_{hj}) = {}_i\boldsymbol{u}_{hj} \| w_i(r_j - s_h) \| \tag{8-18}$$

用迭代求解的方法求解最优模糊聚类中心矩阵 S：

(1)给定 ${}_i\boldsymbol{u}_{hj}$ 与 $\boldsymbol{s}_{kh}$ 所要求满足的计算精确度 ε_1、ε_2；

(2)假设一个满足约束条件式(8-15)～式(8-17)、矩阵元素不全部相等的初始模糊聚类矩阵 $\boldsymbol{u}_{hj}^0$；

(3)将 $\boldsymbol{u}_{hj}^0$ 代入式(8-19)求对应的初始模糊聚类中心矩阵 $\boldsymbol{s}_{kh}^0$，即

$$\boldsymbol{s}_{kh}^0 = \frac{\sum_{j=1}^{n} (\boldsymbol{u}_{hj}^0)^2 \cdot w_i^2 \cdot {}_ir_{kj}}{\sum_{j=1}^{n} (\boldsymbol{u}_{hj}^0)^2 \cdot w_i^2} \tag{8-19}$$

(4)将 $\boldsymbol{s}_{kh}^0$ 代入式(8-20)求一次近似模糊聚类矩阵 $\boldsymbol{u}_{hj}^1$，即

$$\boldsymbol{u}_{hj}^1 = \frac{1}{\sum_{h=1}^{2} \frac{\sum_{i=1}^{m} [w_i({}_ir_{kj} - s_{kh}^0)]^2}{\sum_{i=1}^{m} [w_i({}_ir_{kj} - s_{ih})]^2}} \tag{8-20}$$

(5)将 $\boldsymbol{u}_{hj}^1$ 代入式(8-19)求一次近似模糊聚类矩阵 $\boldsymbol{s}_{kh}^1$；

(6)逐个比较 $\boldsymbol{u}_{hj}^1$、$\boldsymbol{u}_{hj}^0$ 以及 $\boldsymbol{s}_{kh}^1$、$\boldsymbol{s}_{kh}^0$ 的对应元素，若 $\max|\boldsymbol{u}_{hj}^l - \boldsymbol{u}_{hj}^{l-1}| \leqslant \varepsilon_1$，且 $\max|\boldsymbol{s}_{kh}^l - \boldsymbol{s}_{kh}^{l-1}| \leqslant \varepsilon_2$，则迭代结束，$\boldsymbol{s}_{kh}^l$ 为最优聚类中心矩阵 $\boldsymbol{s}$，否则 $\boldsymbol{u}_{hj}^0 = \boldsymbol{u}_{hj}^l$，重复步骤(3)～步骤(6)直至满足精度要求。

经模糊聚类计算，得到云、阴、雨 ET_0 对于晴天 ET_0 的模糊聚类中心分别为0.823、0.647、0.570。

8.3 研究灌区及模型应用

8.3.1 渠村灌区基本情况

渠村引黄灌区位于河南省濮阳市，设计灌溉面积 193.13×10^4 亩，其中正常灌区 74.59×10^4 亩，补水灌区 118.54×10^4 亩。粮食作物主要有小麦、玉米、水稻，复种指数 1.78，小麦、玉米种植面积占耕地面积的70%左右。灌区多年平均降雨量 581.0 mm，多年平均蒸发量 1 663 mm。灌区内多年平均水资源量为 3.982×10^8 m^3，人均水资源量为 253 m^3。渠村引黄灌区位置见图 8-1。灌区除水资源紧张外，还存在着以下问题：

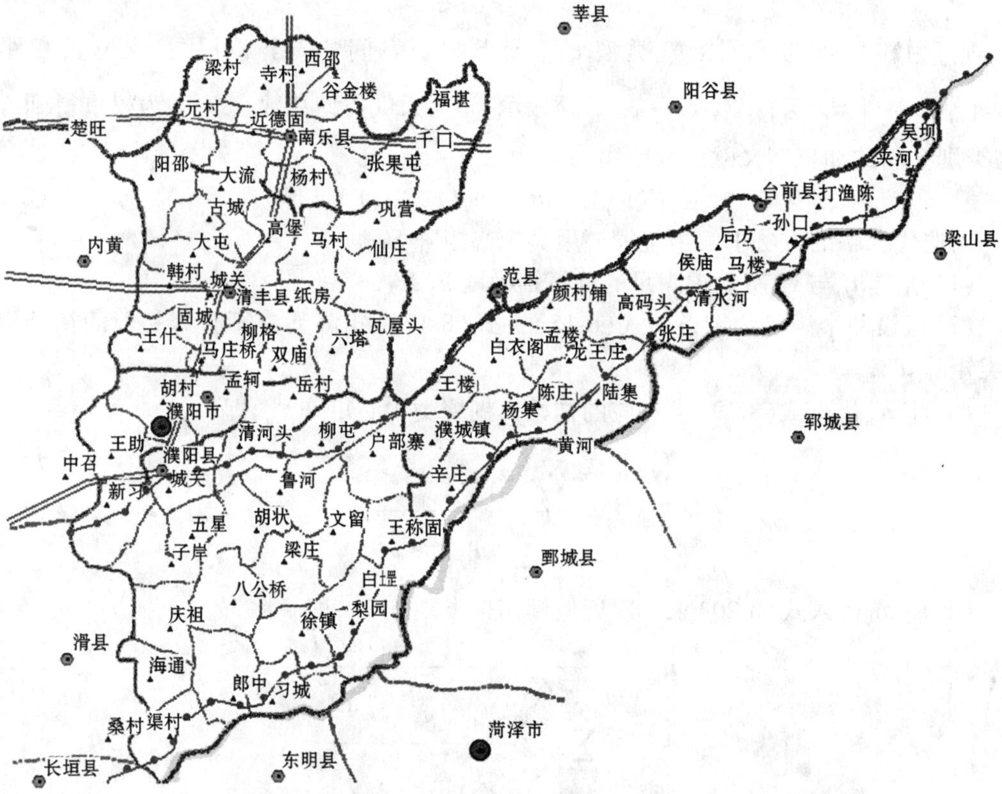

图 8-1 灌区渠道布置图

（1）调蓄工程少，灌区降雨利用率很低。

（2）水资源缺少统一管理，用水条件好的灌区大量引黄灌溉，致使地下水位偏高，土壤存在次生盐碱化的威胁，而引黄灌溉条件相对差的补水区，大部分土地利用井水灌溉，引起地下水位下降并产生大面积漏斗区，带来了一定的环境问题。

（3）水资源浪费严重。群众节水意识差，耕作方式粗放，采用大水漫灌的灌水方式，灌溉用水浪费现象十分普遍。

（4）维护工作滞后。由于管理机构不健全，水费过低，致使工程维护、改造经费短缺，加剧了工程的老化和水资源的浪费。

8.3.2　渠村灌区水资源管理

灌区实行水量订单管理制度,结合灌区管理部门的要求需实时申报水量订单,采用本书的管理模型和软件系统时首先按模糊聚类的方法确定不同天气对作物蒸腾蒸发量的影响,采用引黄灌区实时需水预测及水量订单管理模型进行模拟计算,按式(8-4)~式(8-9)计算不同供水条件下的作物灌水量,灌水日期 t 按照式(8-21)计算

$$t = \frac{W_i - W_{i-1}}{ET_i - K_i} \tag{8-21}$$

由式(8-10)、式(8-11)计算水量订单,输出水量订单与报表并进行水费管理。为验证结果的正确性,选择几种历史典型年制定冬小麦、夏玉米和水稻的灌溉日期及灌水定额,与历史灌溉制度进行比较,旱作物的预报精度在80%以上,水稻的预报精度在85%以上。基本上满足作物灌溉日期、定额的预报要求,能够在灌区指导农业生产。

8.4　系统软件的编制与应用

为方便灌区管理部门的日常管理,采用 Visual Basic 6.0 作为开发工具,编制了具有友好用户界面和完善数据管理及计算功能的“渠村引黄灌区需水量预测及水资源管理决策支持系统”。

整个决策支持系统主要由登录系统、文件操作系统、数据库管理系统、充分灌溉水量调度系统、非充分灌溉水量调度系统、水务管理系统及基本资料数据库组成,主界面见图8-2。

图8-2　管理系统主界面

进行水量调度时,考虑充分灌溉水量调度和非充分灌溉水量调度两种情况,并分别按水文典型年和实时不同来水方式进行调度。实时调度以旬为时段,依据来水情况选择灌溉需要达到的灌水程度,按照边预测边修正,滚动决策的方式,计算作物灌溉制度及闸口取水量,生成水务管理报表和水费管理报表。该软件可以将数据库表格自动导入到 Excel

电子表格中,更为方便和直观。

8.5 小 结

针对引黄灌区理论与实际调度存在的巨大差异,以及黄河流域缺乏微观用水规划等问题,本章结合典型灌区进行研究,提出了当前调度体制下作物实时需水预测、天气类型对作物蒸腾蒸发影响的确定方法及水量实时订单的制定模型和方法,并将理论成果在渠村灌区进行应用,编制了界面友好的水资源管理决策支持软件,为生产提供有效的科学帮助,可为引黄灌区水资源管理提供决策参考。

受资料情况限制,更为细化的管理将是下一步研究的方向。具体表现在以下几方面:

(1)在河道系统建立完善的实时水情监测和管理系统,建设水资源实时监控系统,提高水资源利用率。

(2)加强灌区数据库建设,如用水户的需水量、可供水量、河道水质等。

(3)对管理软件进行校验工作,使模型能够更好地模拟灌区实际,指导生产。

(4)考虑灌区的良性发展,水量订单的工作还要重视自然、资源、环境、社会与经济的协调,重视水资源开发所产生的经济效益与水环境保护所产生的社会效益间的平衡,提高供水的可靠性。

第9章　基于模糊综合评判的华北地区干旱评价指标体系及其应用

干旱是指由水分的收与支或供与求不平衡形成的水分短缺现象。干旱作为最严重的气象灾害之一,已经对我国社会经济和人民生活造成了严重影响。据相关报道,自2008年以来,我国北方部分地区降水量的偏少程度已接近或突破历史极限,河北、山东、河南等地的部分地区气象干旱已达重度干旱或特旱,严重影响农作物的生长。

干旱指标是研究干旱的基础,在干旱分析中起着度量、对比和综合的重要作用。20世纪60年代以来,干旱问题的研究不断深入,许多学者从不同角度研究干旱机理,取得了大量成果,建立了许多干旱指标及其评价方法。尽管关于干旱和干旱指标已有大量研究,但指标的确定具有相应的时空尺度,所以具体的干旱指标很难达到时空上的普遍适用,目前采用的干旱指标在一定程度上限制和影响了它的使用效果。美国气象学会在总结各种干旱定义的基础上将干旱分为四种类型:① 以降水指标划分为主的气象干旱类;② 以土壤水分和作物指标划分为主的农业干旱类;③ 以地表径流和地下水指标划分为主的水文干旱类;④ 以供水和人类需水指标划分为主的社会经济干旱类。以上指标虽能在一定程度上反映自然环境的干旱情况,但均是从个别方面评价旱情,难以准确、全面地反映干旱的严重程度。

旱情评价综合指标是旱情预报与评价的核心,为此有必要对目前主要的干旱指标加以分析和综合,构造能反映各种主要影响因素的综合性指标,为干旱的监测和评价提供方法与依据。

模糊综合评价方法是一种运用模糊数学原理分析和评价具有"模糊性"事物的系统分析方法。近年来,在经济可持续发展、地区选址等评价中得到广泛的研究与应用。在复杂的大系统中,需要考虑的因素往往很多,而且因素之间还存在着不同的层次,在这种情况下,就需要将评判因素集合按照某种属性分成几类,先对每一类进行综合评判,然后对各类评判结果进行类之间的综合评判。因此,利用模糊数学理论,结合干旱评价指标和干旱评价理论,可以对干旱进行更科学、更合理的评价。

在干旱的模糊综合评价中,需确定影响干旱的各主要因素,然后通过计算各因素的权重和隶属度,得到综合隶属度来确定干旱等级。在模糊综合评价中,权重的确定是一项重要的内容,对评价的结果有重要影响。

模糊综合评价方法中评价指标权重的确定按赋值形式的不同可分为主观赋权法和客观赋权法。在主观赋权法中,层次分析法是20世纪70年代由美国运筹学家Seaty提出来的一种定性与定量相结合的系统分析方法。为建立华北地区干旱评价指标体系,本书将以濮阳渠村引黄灌区为例,采用层次分析法进行指标权重的分析计算,从而建立起华北地区的干旱综合评价方法。

9.1　干旱评价指标体系

9.1.1　评价指标体系的建立原则

在建立干旱评价指标体系时应遵从科学性、系统性、可比性和动态性。选取指标应具有明确的内涵；指标设置要尽可能全面反映干旱的特征；应考虑指标的可测性、规范性和一致性；尽可能具有较长期的数据资料，可进行不同时期比较研究等原则。

9.1.2　评价指标体系的构建

选取黄河中下游流域的濮阳渠村引黄灌区作为研究对象，旱灾是该区主要自然灾害之一。

根据干旱的内涵，遵循建立指标体系的原则，建立了适合华北地区的干旱综合评价指标体系，一级指标有 2 个，二级指标有 8 个，见表 9-1。

表 9-1　干旱评价指标体系

目标层 S	一级指标 O	二级指标 C
旱情评估指标体系	气象干旱指标 O_1	降水量 C_1
		土壤蒸散量 C_2
		平均温度 C_3
		日照时间 C_4
	农业干旱指标 O_2	土壤含水量 C_5
		作物蒸腾量 C_6
		冠层温度 C_7
		作物产量 C_8

9.1.3　评价指标权重的确定

9.1.3.1　建立判断矩阵

采用层次分析法，根据上述指标体系结构，运用判断矩阵构造方法（判断矩阵 $\boldsymbol{A}=(a_{ij})_{n\times n}$ 中的元素取值见表 9-2，在相邻的两个等级之间可依次用 2、4、6、8 或其倒数将其量化，表中 C_i 与 C_j 为二级指标中的各指标元素）构造 $S-O$、O_1-C、O_2-C 的判断矩阵。$S-O$ 判断结果见表 9-3，O_1-C、O_2-C 的判断结果见表 9-4。

表 9-2　判断矩阵取值

C_i 比 C_j	相同	稍强	强	很强	绝对强	稍弱	弱	很弱	绝对弱
a_{ij}	1	3	5	7	9	1/3	1/5	1/7	1/9

表 9-3　$S-O$ 判断结果

S	O_1	O_2	权重 W'
O_1	1	1/3	0. 25
O_2	3	1	0. 75

注：判断矩阵 A_1 的最大特征值 $\lambda_{max}=2$，一致性指标 $C=0$。具体计算见式(9-4)、式(9-5)。

表 9-4　O_1-C, O_2-C 判断结果

O_1	C_1	C_2	C_3	C_4	权重 W_i
C_1	1	3	5	5	0. 538
C_2	1/3	1	3	4	0. 259
C_3	1/5	1/3	1	3	0. 132
C_4	1/5	1/4	1/3	1	0. 071
O_2	C_5	C_6	C_7	C_8	权重 W_i
C_5	1	1/3	3	1/4	0. 142
C_6	3	1	3	1/3	0. 239
C_7	1/3	1/3	1	1/4	0. 069
C_8	4	3	4	1	0. 457

注：O_1-C：判断矩阵 A_2 的最大特征值 $\lambda_{max}=4.195$，一致性指标 $C=0.065$，$RI=0.9$，随机一致性比例 $CR=0.07<0.1$；O_2-C：判断矩阵 A_3 的最大特征值 $\lambda_{max}=4.241$，一致性指标 $C=0.080$，$RI=0.9$，随机一致性比例 $CR=0.089<0.1$。具体计算见式(9-4)和式(9-5)。

判断矩阵如下：

$S-O$ 判断矩阵为

$$A_1=\begin{bmatrix}1 & 1/3\\ 3 & 1\end{bmatrix}$$

O_1-C 判断矩阵为

$$A_2=\begin{bmatrix}1 & 3 & 5 & 5\\ 1/3 & 1 & 3 & 4\\ 1/5 & 1/3 & 1 & 3\\ 1/5 & 1/4 & 1/3 & 1\end{bmatrix}$$

O_2-C 判断矩阵为

$$A_3=\begin{bmatrix}1 & 1/3 & 3 & 1/4\\ 3 & 1 & 3 & 1/3\\ 1/3 & 1/3 & 1 & 1/4\\ 4 & 3 & 4 & 1\end{bmatrix}$$

由层次分析法得各影响因素的权重值，见表 9-3 和表 9-4，其计算采用式(9-1)～式(9-3)。由式(9-6)计算得到的层次总排序(见表 9-5)可以看出单一因素对于目标层相对重要性的优先次序：作物产量 > 作物蒸腾量 > 降水 > 土壤含水量 > 蒸散量 > 冠层温

度 > 平均温度 > 日照时间。

表 9-5 层次总排序

C	O_1	O_2	W'_i
C_1	0.538		0.135
C_2	0.259		0.065
C_3	0.132		0.033
C_4	0.071		0.018
C_5		0.142	0.107
C_6		0.239	0.179
C_7		0.069	0.052
C_8		0.457	0.343

9.1.3.2 权重的计算步骤及一致性检验

(1)将判断矩阵 $\boldsymbol{A}$ 的每一列进行归一化,得到矩阵 $\boldsymbol{B}=(b_{ij})_{n\times n}$,$b_{ij}$ 为

$$b_{ij} = \frac{a_{ij}}{\sum_{k=1}^{n} a_{kj}} \quad (i,j = 1,2,\cdots,n) \tag{9-1}$$

(2)按矩阵 $\boldsymbol{B}$ 的行求和,得到各行的和值 $\boldsymbol{w}_i$ 为

$$\boldsymbol{w}_i = \sum_{j=1}^{n} b_{ij} \quad (i = 1,2,\cdots,n) \tag{9-2}$$

(3)将行和向量 $\boldsymbol{w}_i$ 进行归一化,得到指标权重 $\boldsymbol{W}_i$ 为

$$\boldsymbol{W}_i = \boldsymbol{w}_i\left(\sum_{i=1}^{n} \boldsymbol{w}_i\right)^{-1} \quad (i = 1,2,\cdots,n) \tag{9-3}$$

(4)计算判断矩阵 $\boldsymbol{A}$ 的最大特征根为

$$\lambda_{\max} = \frac{1}{n}\sum_{i=1}^{n} \frac{(\boldsymbol{AW})_i}{\boldsymbol{w}_i} \tag{9-4}$$

式中:$(\boldsymbol{AW})_i$ 为 $\boldsymbol{AW}$ 的第 i 个分量。

(5)在构造判断矩阵 $\boldsymbol{A}$ 后,需用式(9-5)进行一致性检验,即

$$C = \frac{\lambda_{\max} - n}{n - 1} \tag{9-5}$$

式中:C 为一致性指标。

为判断层次分析法中判断矩阵不一致程度在什么范围内仍可用,引入随机一致性指标 RI,见表 9-6。

当随机一致性比例 $CR = \frac{C}{RI} < 0.10$ 时,判断矩阵的不一致性仍可接受,否则必须调整。

表 9-6　随机一致性指标

n	1	2	3	4	5	6	7	8	9	10	11
RI	0	0	0.58	0.90	1.12	1.24	1.32	1.41	1.45	1.49	1.51

(6)计算方案层的各因素对于目标层的相对重要性权重，称为层次总排序。这一过程是由最高层到最底层逐层进行的，即一级指标层权重与二级指标层权重的乘积，见式(9-6)，得到评价指标的综合权重系数，结果见表 9-5。

$$W'_i = W'W_i \quad (i = 1,2,\cdots,8) \tag{9-6}$$

9.2　模糊综合评判模型

9.2.1　建立评判集

评判集是评判者对评判对象可能做出的各种评判结果所组成的集合，本书用非常好、较好、一般、较差、差 5 个等级进行评判，即评判集 $V = \{V_1, V_2, V_3, V_4, V_5\}$ = {非常好，较好，一般，较差，差}，对应的值分别为 1，0.8，0.5，0.2，0。

9.2.2　评判

在进行评判时选取具有一定经验的专家对二级指标中的各项给出评语值，根据评价人员总数以及评语分布建立二级模糊评判矩阵，即

$$\boldsymbol{R}_k = \begin{bmatrix} r_{11} & r_{12} & \cdots & r_{1n} \\ r_{21} & r_{22} & \cdots & r_{2n} \\ \vdots & \vdots & & \vdots \\ r_{m_i1} & r_{m_i2} & \cdots & r_{m_in} \end{bmatrix} \tag{9-7}$$

其中，$0 \leqslant r_{ij} \leqslant 1$，并且 $\sum_{j=1}^{n} r_{ij} = 1$，$i = 1, 2, \cdots, m_i$。

$$r_{ij} = \frac{\text{评判专家对指标选择的第 } j \text{ 项评价值的人数}}{\text{评判专家总数}}$$

综合评价向量为

$$\boldsymbol{B}_k = M_k \circ R_k \quad (k = 1,2) \tag{9-8}$$

其中，$\boldsymbol{M}_1 = (W'_1, W'_2, W'_3, W'_4)^{\mathrm{T}}$，$\boldsymbol{M}_2 = (W'_5, W'_6, W'_7, W'_8)^{\mathrm{T}}$。

式中的“∘”为模糊变换的合成算子。加权平均模型能对所有因素依权重大小均衡兼顾，适用于考虑各因素起作用的情况。因此，本书采用该模型进行综合评价向量的计算。

评判结果处理：为充分利用综合评价带来的信息，可视综合评价结果所形成的归一化后的向量 $\boldsymbol{B}'_k$ 为权重，将评判集的等级用 1 分制数量化，则将综合评价结果进行加权平均得到总分 V，即

$$V = \sum_{j=1}^{n} \boldsymbol{B}'_k V_j \quad (k = 1,2) \tag{9-9}$$